U0329926

钳工基本技能

主　编　杨志福

副主编　李东明

参　编　肖世国　颜雁鹰　陈金伟

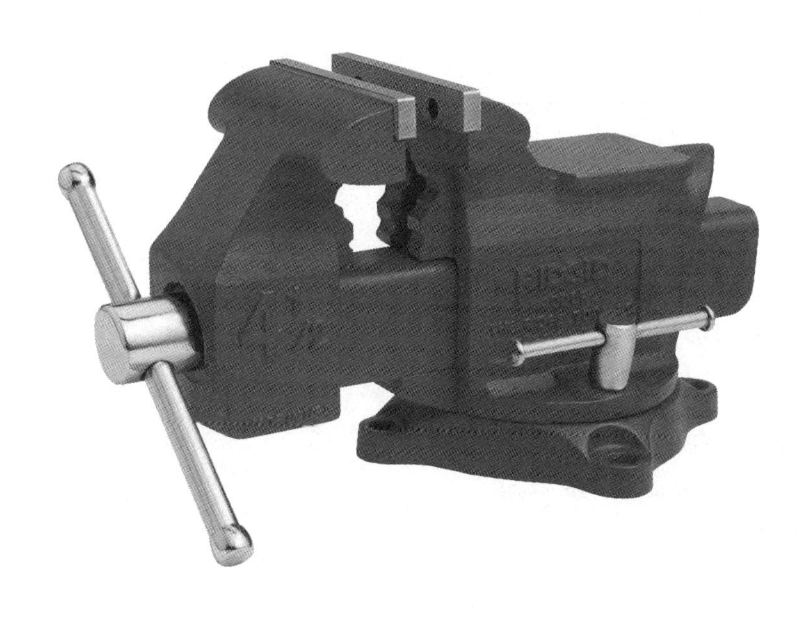

西南师範大學出版社

国家一级出版社　全国百佳图书出版单位

图书在版编目(CIP)数据

钳工基本技能 / 杨志福主编. -- 重庆 : 西南师范大学出版社, 2016.8

ISBN 978-7-5621-8039-5

Ⅰ.①钳… Ⅱ.①杨… Ⅲ.①钳工 Ⅳ.①TG9

中国版本图书馆CIP数据核字(2016)第156217号

钳工基本技能

主　编: 杨志福

策　　划: 刘春卉　杨景罡
责任编辑: 曾　文
封面设计: 畅想设计
出版发行: 西南师范大学出版社
地址:重庆市北碚区天生路2号
邮编:400715
电话:023-68868624
网址:http://www.xscbs.com
印　　刷: 重庆紫石东南印务有限公司
开　　本: 787mm×1092mm　1/16
印　　张: 12.5
字　　数: 320千字
版　　次: 2016年9月 第1版
印　　次: 2016年9月 第1次
书　　号: ISBN 978-7-5621-8039-5
定　　价: 28.00元

尊敬的读者,感谢您使用西师版教材! 如对本书有任何建议或要求,请发送邮件至xszjfs@126.com。

编 委 会

前言

PREFACE

为适应职业教育的发展形势，迎合当前中等职业教育“以能力为本位，以就业为导向”培养目标的需求，提高学生的动手能力，以便更好地服务于社会，编者依据行业专家对岗位的工作任务和职业能力分析结果以及国家职业鉴定钳工四级资格标准的要求，组织编写了本教材。

本书根据国家职业鉴定规范的要求，以项目式教学法为主线，突出以任务为驱动、以能力为本位的教学理念，遵循实用、实效的原则，旨在使学生在技能训练中掌握本专业（工种）知识且达到相应技能要求。全书共九个项目，详细介绍了包括划线（机械行业术语，不是“画线”）、锯削、錾削、孔加工、螺纹加工、研磨等钳工的基本技能，各种零件型面的加工原理及方法，在内容上尽量做到详略适当，深浅结合，以实际的零件加工技能培训为主线，辅以对理论知识深入浅出的说明，使读者能够灵活运用相关知识解决实际问题。

本书的教学时数建议为160学时，各项目的课时分配如下表所示：

项目	项目内容	课时分配（课时）	
		讲授	实践训练
一	认识钳工	2	2
二	划线	2	6
三	锯削工件	4	20
四	錾削工件	2	6
五	锉削工件表面	8	30
六	加工孔	6	24
七	加工螺纹	4	12
八	研磨工件	2	6
九	锉配	4	20

本书由杨志福主编并负责统稿，李东明任副主编，撰写人员及分工情况：杨志福编写项目一、项目二；肖世国编写项目三和项目四；颜雁鹰编写项目五；陈金伟编写项目六；李东明编写项目七、项目八和项目九。

本书是中等职业学校机械类专业的教学用书，也可作为其他工科类专业的教材，还可作为各级各类钳工初、中级培训班教材和钳工从业人员的参考书。

在此书的编写过程中，得到重庆市轻工业学校有关领导、教师和西南师范大学出版社的大力支持和帮助，在此表示衷心的感谢。限于作者水平，加之时间仓促，书中缺点和错误难免，恳请广大读者批评指正，以利于我们今后改进。读者的建议和问题可发送至邮箱:1795140696@qq.com。

目录

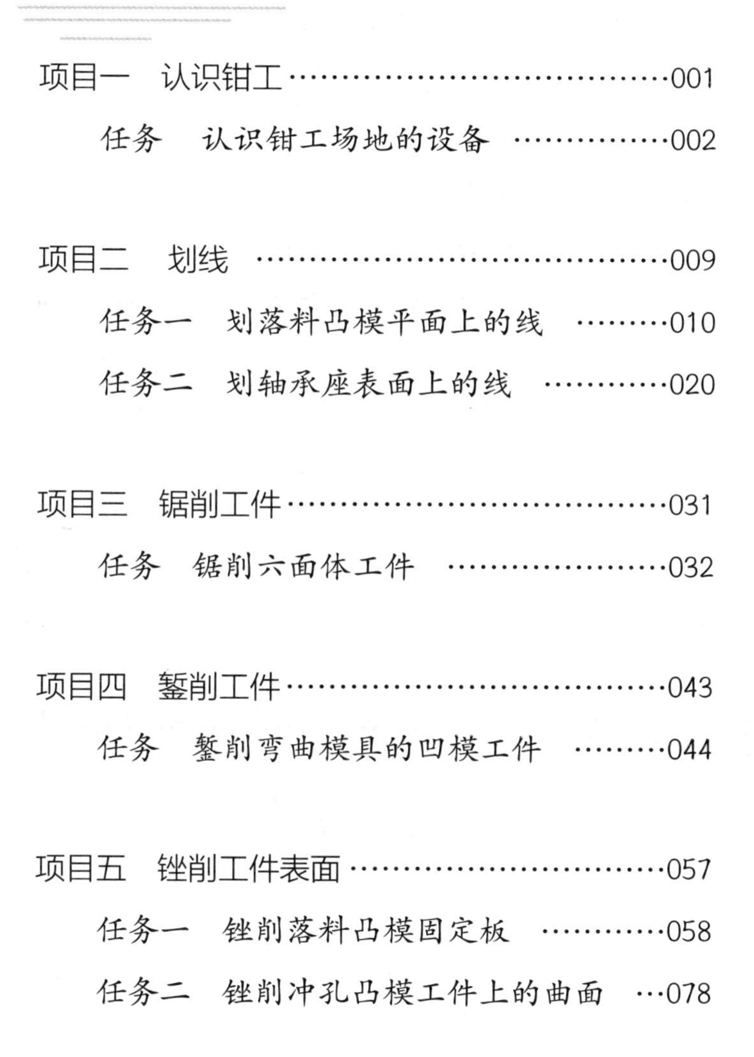

项目一 认识钳工

见过师傅配钥匙吗？见过师傅修理机械产品吗？这种工作就是钳工。钳工是使用手工工具并经常在台虎钳上进行手工操作的一个工种。钳工的工作范围有：装配钳工、修理钳工、模具钳工、工具钳工、划线钳工等。

钳工基本操作技能有划线、錾削、锉削、刮削、锯削、钻孔、扩孔、锪孔、铰孔、攻螺纹和套螺纹、研磨及基本测量技能等，各项技能的学习要求我们必须循序渐进，由易到难，由简单到复杂，掌握每项操作。本项目主要是学习台虎钳的操作。

目标类型	目标要求
知识目标	(1)知道钳工的定义 (2)知道钳工基本技能的内容 (3)知道钳工的适用范围 (4)知道钳工场地的基本设备的用法
技能目标	(1)能掌握钳工的定义 (2)能掌握钳工基本技能的内容 (3)能树立学习钳工技能的信心 (4)能正确操作钳工场地的基本设备
情感目标	(1)能养成自主学习的习惯 (2)能与他人沟通交流 (3)能意识到规范操作和安全操作的重要性 (4)能参与团队合作并完成工作任务

任务 认识钳工场地的设备

任务目标

(1)能掌握钳工的定义、基本技能的内容。

(2)能树立学习钳工技能的信心。

(3)能正确操作钳工场地的设备。

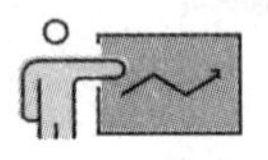

任务分析

本任务的主要内容是识别钳工场地的设备,钳工基本技能的内容,钳工技能实训准备,钳工安全文明操作规程。

任务实施

一、操作台虎钳

(1)夹紧工件时,依靠手的力量,顺时针转动长手柄来移动活动钳身夹紧工件,反之就是松动工件。如图1-1-1所示。

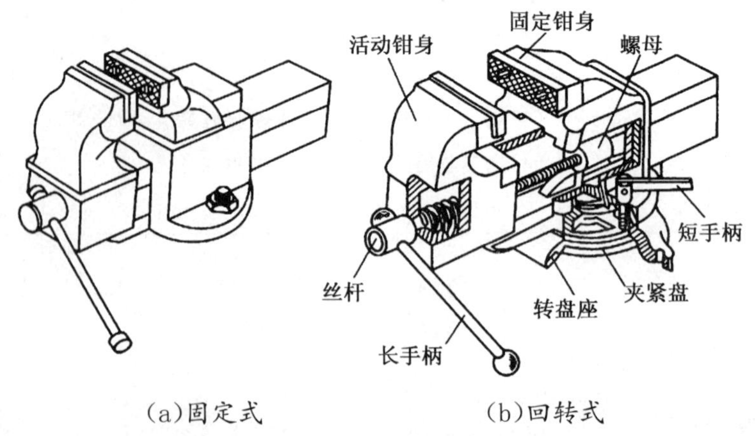

(a)固定式　　(b)回转式

图1-1-1　台虎钳

(2)学生反复练习台虎钳装夹工件，要求将工件装夹在台虎钳钳口的中部，工件上表面距离钳口面10～15 mm。并对其进行保养，对活动钳身部位、丝杆和螺母进行涂油。

(3)利用台虎钳的上部进行旋转练习。如图1-1-1(b)所示，顺时针转动短手柄(锁紧螺钉)，上部即松动，此时转动上部到合适位置并锁紧。反复练习。

小提示

(1)工件尽量夹在钳口中部，以使钳口受力均匀。

(2)夹紧后的工件应稳定可靠，以便于加工，且不产生变形。

(3)夹紧工件时，一般只允许依靠手的力量来扳动手柄，不能用锤子敲击手柄或随意套上长管子来扳动手柄，以免损坏丝杆、螺母或钳身。

(4)不要在活动钳身的光滑表面进行敲击作业，以免降低配合性能。

二、整理工作台桌面上的工具和量具

如图1-1-2所示，工具、量具应分开摆放，整齐、美观。不能混放，不能相互重叠放置。

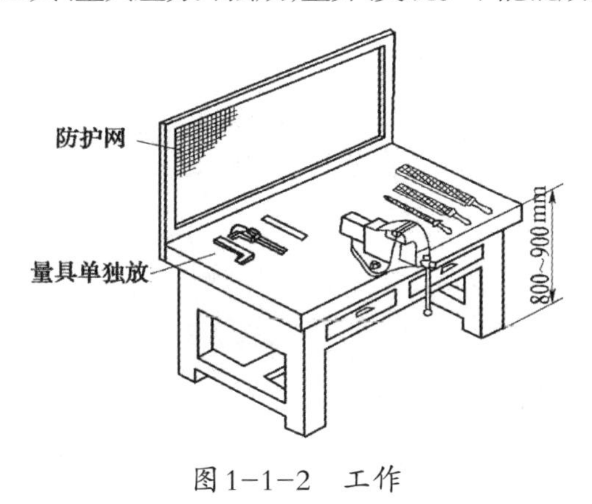

图1-1-2 工作

上面已介绍了台虎钳的操作、工作台的整理。下面来做一做，看谁做得又好又快。

每位同学用台虎钳装夹工件一次，旋转一次台虎钳并停在规定位置。是否达到要求，先自己评价，然后请其他同学评价，最后教师评价。

相关知识

一、认识实训场地的设备

1. 工作台

工作台简称钳台，常用硬质木板或钢材制成，要求坚实、平稳；台面高度800～900 mm，台面上装有虎钳和防护网，如图1-1-2所示。

2. 台虎钳

台虎钳是用来夹持工件的工具，其规格以钳口的宽度来表示，常用的有100 mm、125 mm、150 mm等。

3. 砂轮机

砂轮机，如图1-1-3所示，是用来磨削各种刀具或工具的，如划针、样冲、钻头和錾子等。砂轮机由电动机、砂轮、机座和防护罩等组成，为了减少尘埃污染，一般配有吸尘装置。

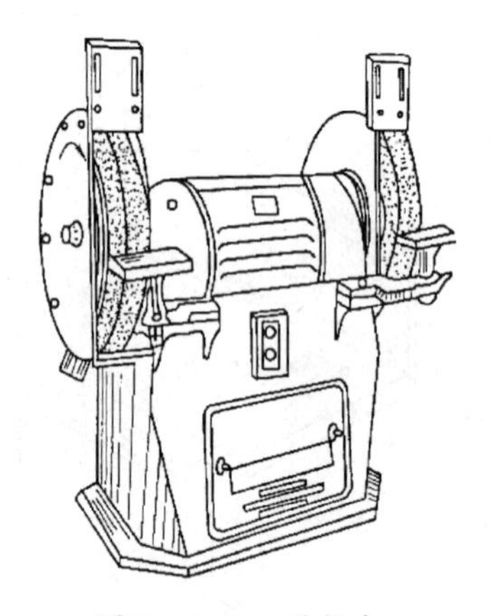

图1-1-3　砂轮机

二、钳工基本技能

1. 划线

划线是指在某些工件的毛坯或半成品上，按零件图样要求的尺寸划出加工界线或找正线的一种方法，如图1-1-4所示。

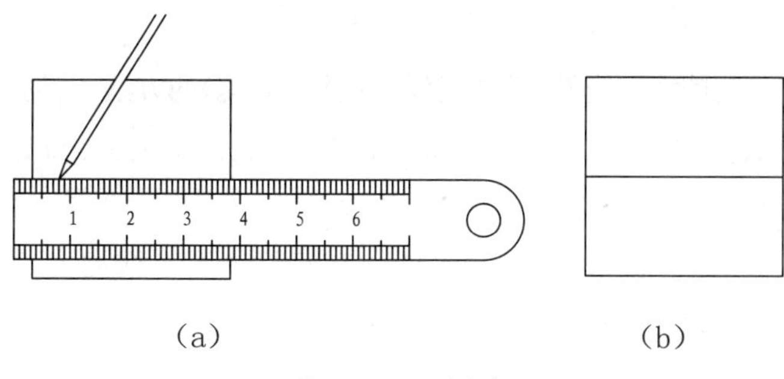

图 1-1-4 划线

2. 锯割

锯割是用手锯锯割工程材料或进行切槽的方法，如图 1-1-5 所示。

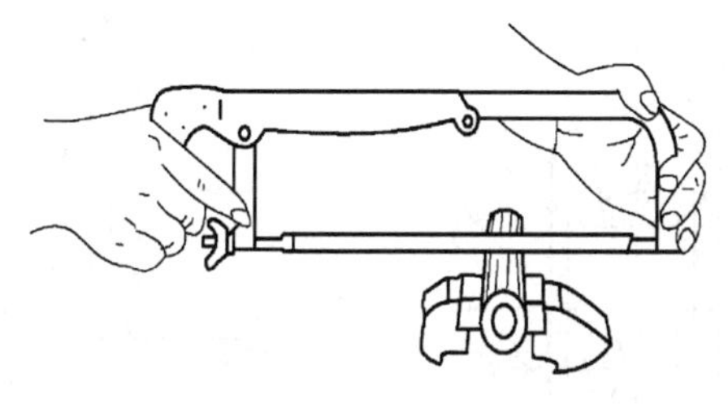

图 1-1-5 锯割

3. 锉削

锉削是用锉刀对工件表面进行切削加工的方法。多用于锯割、錾削之后，锉削加工出的工件表面粗糙度 Ra 值可达 0.8 ~ 1.6 μm。锉削是最基本的钳工操作，如图 1-1-6 所示。

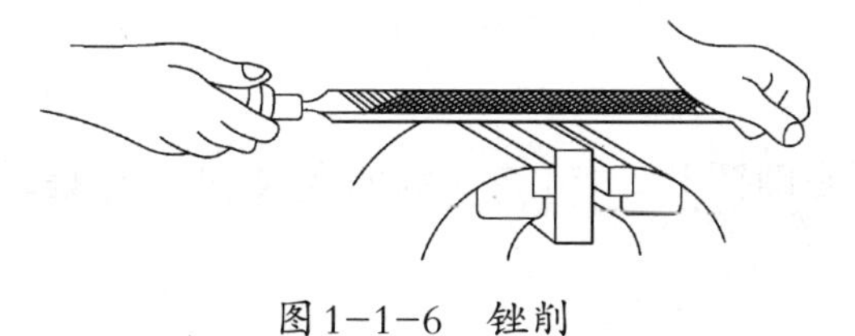

图 1-1-6 锉削

4. 钻孔

钻孔是用钻头在实体材料上加工孔的方法。钻孔属于粗加工，其尺寸公差等级一般为 IT10 或 IT11，表面粗糙度 Ra 值为 12.5 ~ 25 μm，如图 1-1-7 所示。

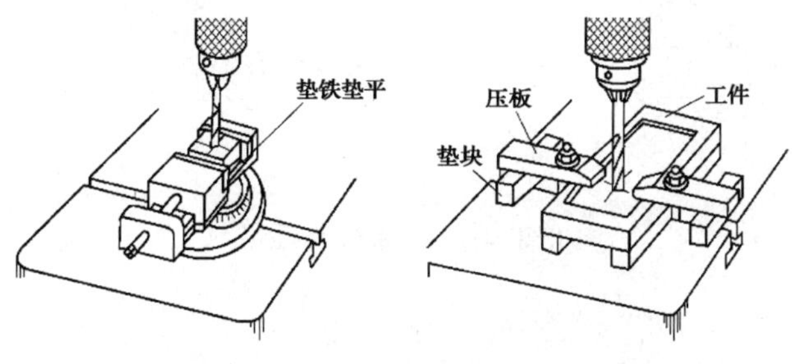

图 1-1-7 钻孔

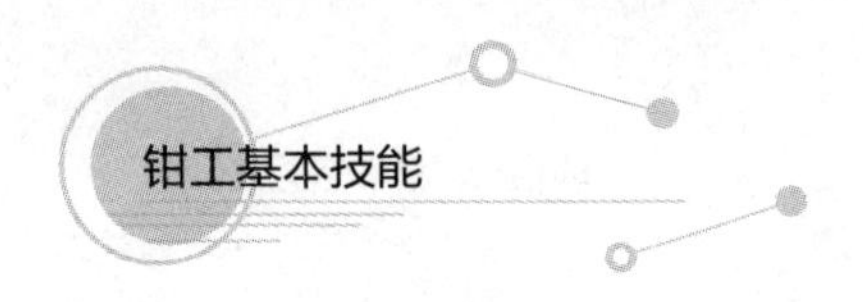

5. 扩孔

扩孔是用扩孔钻扩大已有孔(锻出、铸出或钻出的孔)的方法。扩孔属于半精加工，其尺寸公差等级可达IT9～IT10,表面粗糙度 Ra 值可达3.2～6.3 μm,如图1-1-8(a)所示。

6. 铰孔

铰孔是用铰刀对孔进行最后精加工的方法。铰孔属于精加工,其尺寸公差等级可达IT7～IT9,表面粗糙度 Ra 值可达0.8～1.6 μm,如图1-1-8(b)所示。

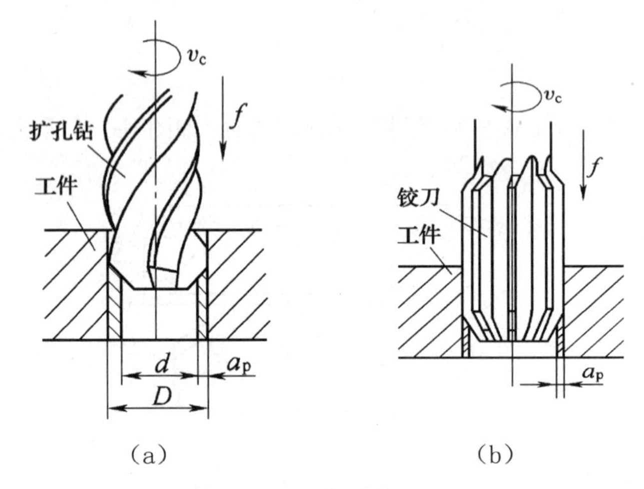

图1-1-8　扩孔与铰孔

7. 攻螺纹

攻螺纹是用丝锥在孔中切削出内螺纹的方法,如图1-1-9(a)所示。

8. 套螺纹

套螺纹是用板牙在圆杆上切削出外螺纹的方法,如图1-1-9(b)所示。

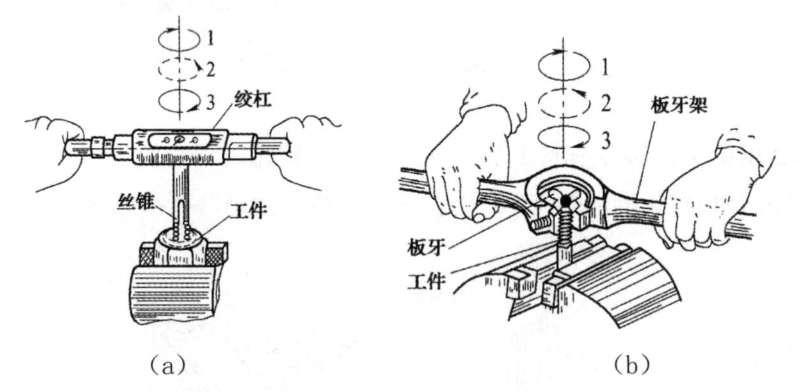

图1-1-9　攻螺纹与套螺纹

9. 刮削

刮削是用刮刀从工件表面上刮去一层很薄的金属的方法。刮削属于精加工，加工后的工件表面的形位精度较高，表面粗糙度 Ra 值较低，如图 1-1-10 所示。

图 1-1-10 刮削

10. 研磨

研磨是利用研磨工具和研磨剂从工件上研去一层极薄表面层的精加工方法。经研磨加工后的工件，尺寸公差等级可达 IT3，表面粗糙度 Ra 值可达 0.08 ~ 0.1 μm，如图 1-1-11 所示。

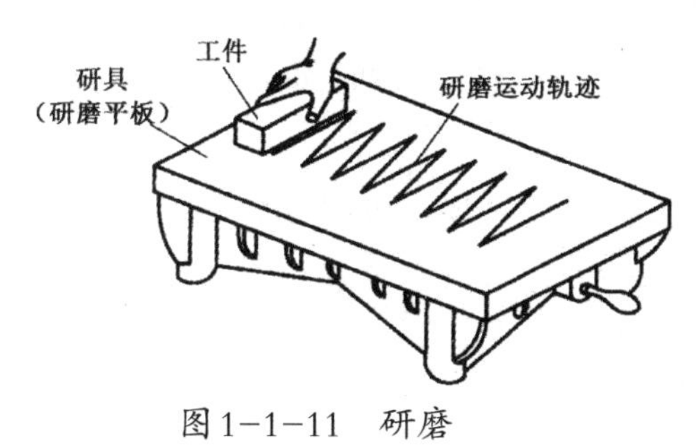

图 1-1-11 研磨

任务评价

对认识钳工场地的设备情况进行评价，见表 1-1-1。

表 1-1-1 认识钳工场地的设备情况评价表

评价内容	评价标准	分值	学生自评	教师评估
准备工作	准备充分	5 分		
工具的识别	正确识别工具	10 分		
装夹工件	正确操作	25 分		
旋转上部	正确操作	25 分		
整理工作台	正确操作	20 分		

续表

评价内容	评价标准	分值	学生自评	教师评估
安全文明生产	没有违反安全操作规程	5分		
情感评价	按要求做	10分		
学习体会				

一、填空题(每题10分,共50分)

1.台虎钳是用来夹持工件的工具,其规格以_____来表示。

2.工作台简称钳台,台面常用_____制成,要求坚实、平稳。

3.钳工是使用_____并经常在台虎钳上进行手工操作的一个工种。

4.砂轮机应安装在场地的_____。

5.操作台虎钳的长手柄_____转动时夹紧工件,_____转动时松动工件。(填"逆时针"或"顺时针")

二、判断题(每题10分,共50分)

1.工作台上的工具、量具应分开摆放整齐,不能混放,不能重叠。 (　　)

2.工件尽量装夹在钳口中部,以使钳口受力均匀。 (　　)

3.不要在活动钳身的光滑表面进行敲击作业,以免降低配合性。 (　　)

4.可用砂轮机来磨削工件,以便尽快完成加工任务。 (　　)

5.夹紧工件时,若手的力量太小,可用锤子敲击台虎钳的手柄来增力。 (　　)

项目二 划线

见过模具组装前的工作吗？看过工人师傅加工金属零件吗？如下图所示，一般加工零件前先进行划线操作。零件表面的划线可以分为平面划线和立体划线两大类。划线是根据图样的尺寸要求，用划线工具在毛坯或半成品上划出待加工部位的轮廓线（或称加工界线）的一种操作方法。

为了提高生产效率，防止在加工工件时引起尺寸差错，通过划线来明确加工标志，划线尺寸的对错和准确与否，直接影响零件的加工质量好坏。划线的精度一般为0.25～0.5 mm。本项目主要是学习划线的操作方法。

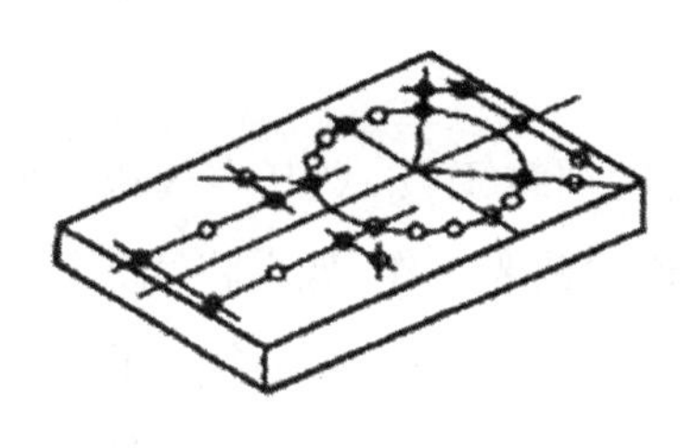

(a)平面划线

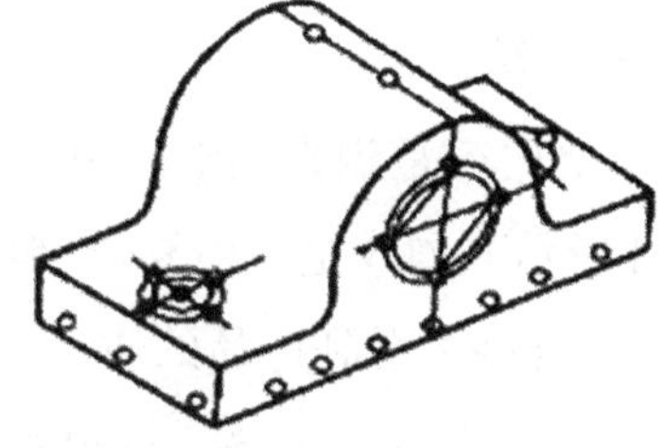

(b)立体划线

目标类型	目标要求
知识目标	(1)知道划线的安全操作规程 (2)知道识别划线工具 (3)知道正确地使用划线工具
技能目标	(1)能按安全操作规程进行平面划线 (2)能正确使用划线工具 (3)能识别划线工具的种类
情感目标	(1)能养成自主学习的习惯 (2)能与他人沟通交流 (3)能意识到规范操作和安全操作的重要性 (4)能参与团队合作并完成工作任务

任务一　划落料凸模平面上的线

任务目标

(1)能识别划线工具。

(2)会使用划线工具。

(3)能正确地进行平面划线操作。

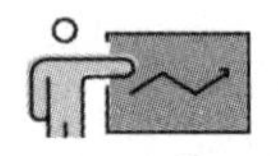

任务分析

本任务的主要内容是识别划线工具,使用划线工具,划基本线条,划平面图形线条。如图2-1-1所示。划线是一项复杂、细致的重要工作,如果将线条划错,就会造成加工工件的报废,直接关系到产品的质量。完成此任务需要划线工具(划针、划规、样冲)和辅助工具(钢直尺、锤子),零件的材料:长70 mm、宽70 mm、厚度8 mm,要求在平板平面上进行基本线条的划线操作、零件图形的绘制,达到基本线条、图形正确,线条清晰,一次成形,样冲眼均匀。本任务介绍用这些工具进行划线的操作方法。

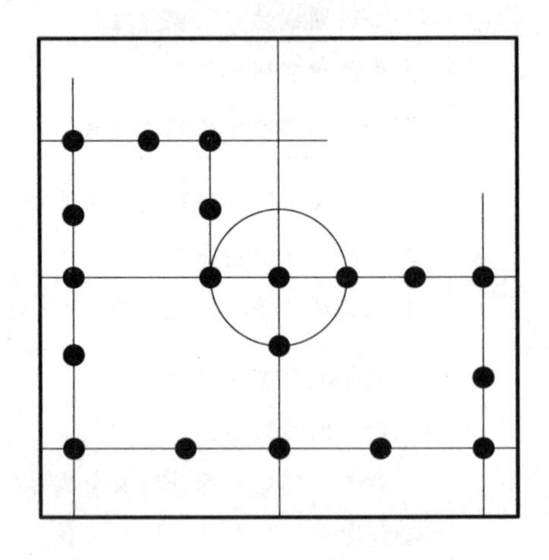

图2-1-1　落料凸模平面划线

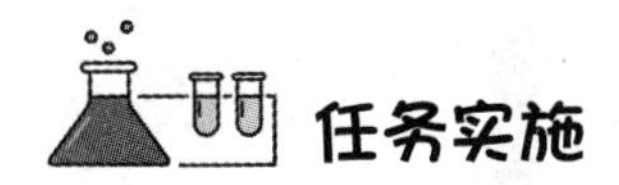

任务实施

一、工具、量具的准备

平面划线的工具、量具准备清单见表2-1-1。

表2-1-1 工具、量具清单

序号	名称	规格	数量
1	划线平板		1块/人
2	划针		1把/人
3	划规		1把/人
4	样冲		1只/人
5	划线锤		1把/人
6	钢直尺(150 mm)		1把/人
7	薄钢板(8 mm)	70 mm×70 mm	1块/人

二、划基本线条

根据工作任务，在薄钢板70 mm×70 mm上按要求进行划线，具体操作过程如下：

1. 划一条直线

在钢板中间位置划一条直线，整理钢板，将钢板除锈，边角去毛刺；用钢直尺和划针划一条直线。划线时，划针紧贴钢直尺用力向右移动，一次划成，不要重复，如图2-1-2所示。

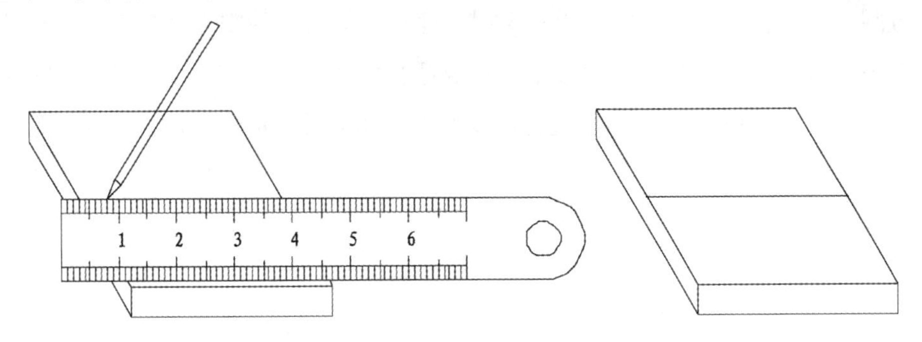

图2-1-2 划直线

2. 在直线中点处打样冲眼

先将样冲斜放在直线的中点处，然后将样冲逐渐处于垂直位置，使冲尖落在样冲眼的正确位置后，用锤子锤击样冲的锤击端即打出样冲眼，如图2-1-3、图2-1-4所示。

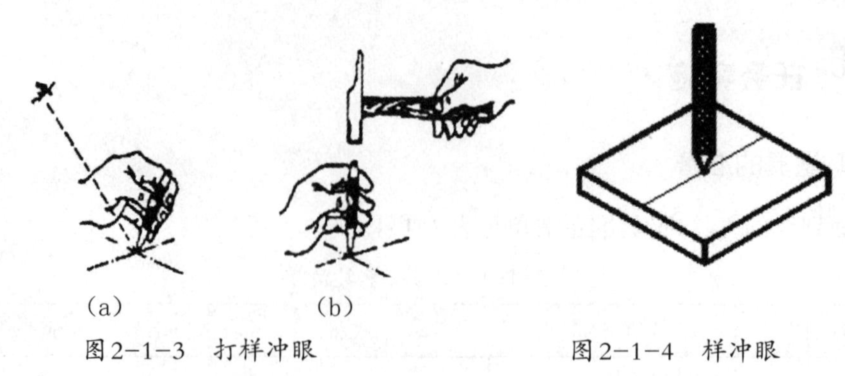
(a)　　(b)

图2-1-3　打样冲眼　　图2-1-4　样冲眼

3. 划圆

在钢板上用划规划一个直径为60 mm的圆。划规的一脚尖扎入样冲眼中并用力压紧(用力稍大),另一脚尖要紧贴(用力稍小)钢板表面,顺时针或逆时针转动划规一圈即划出一个圆。如图2-1-5所示。

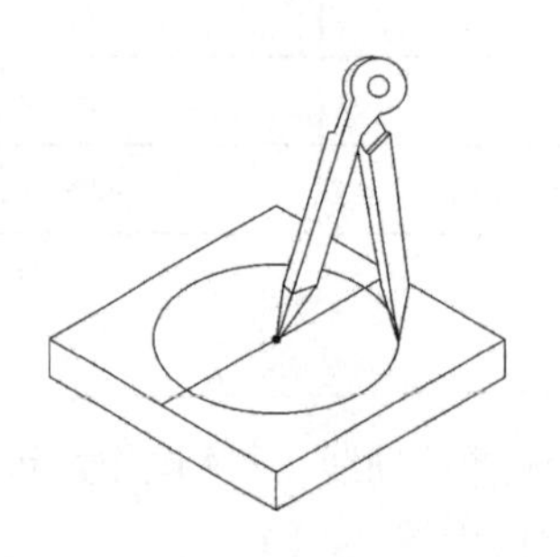
图2-1-5　划圆

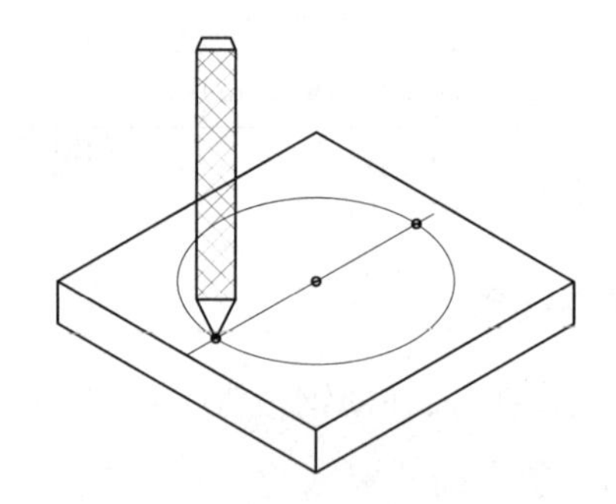
图2-1-6　打样冲眼

4. 划垂线

过圆心作一条已知直线的垂线。先用样冲在圆与直线的交点处打上两个样冲眼,如图2-1-6所示,以样冲眼为圆心,用划规取适当的半径划两段圆弧相交,如图2-1-7所示,用钢直尺和划针在两交点处进行连线即得已知直线的垂线。如图2-1-8所示。

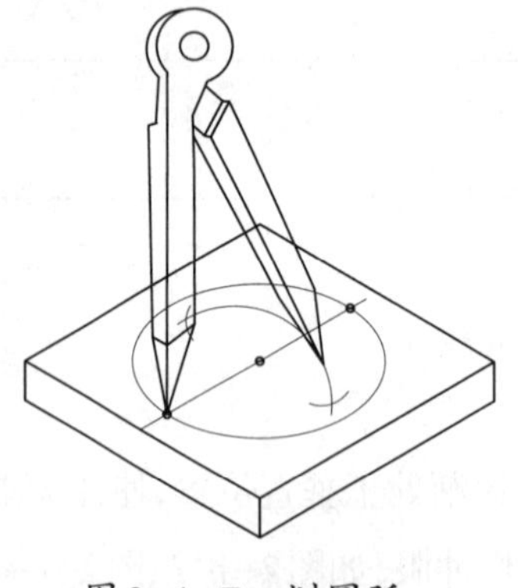
图2-1-7　划圆弧

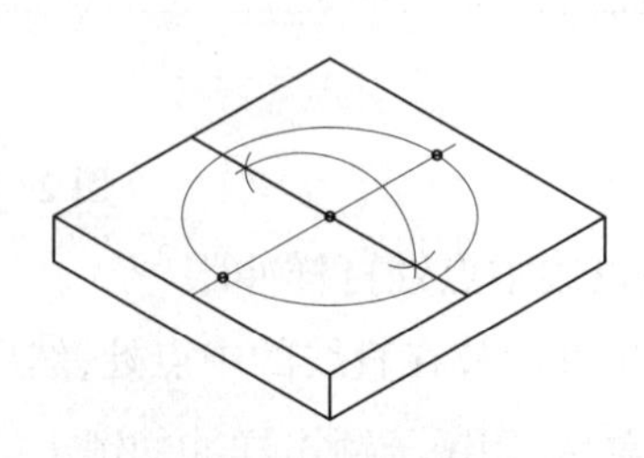
图2-1-8　划直线

5. 划平行线

划两条平行的直线。取划规两脚尖的距离为25 mm，分别以圆周上两样冲眼为圆心，在直线的上方和下方各划两段短圆弧，如图2-1-9所示。用钢直尺和划针作两圆弧的公切线（图2-1-10），即为已知直线的平行线。如图2-1-11所示。

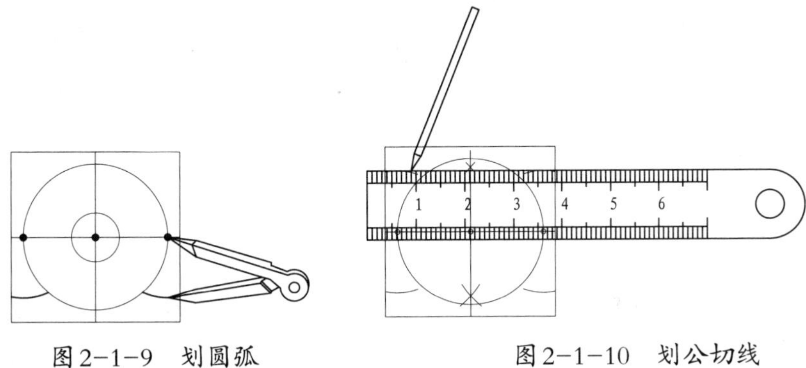

图2-1-9 划圆弧　　图2-1-10 划公切线

6. 圆周的六等分

在钢板上划直径为60 mm的圆，分六等分。在钢板上划一圆并按如图2-1-12所示打上样冲眼，方法同上。

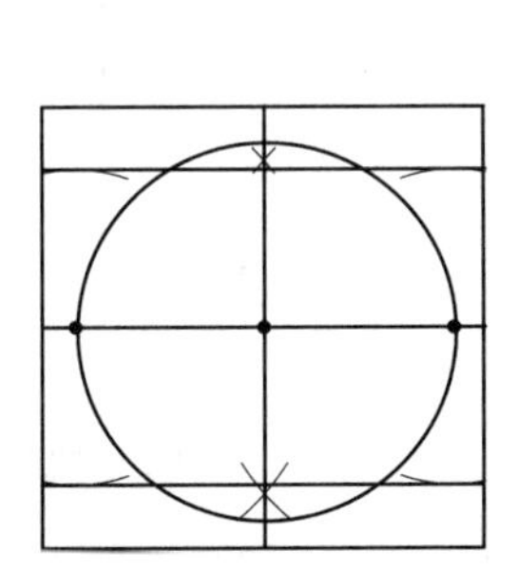

图2-1-11 平行线

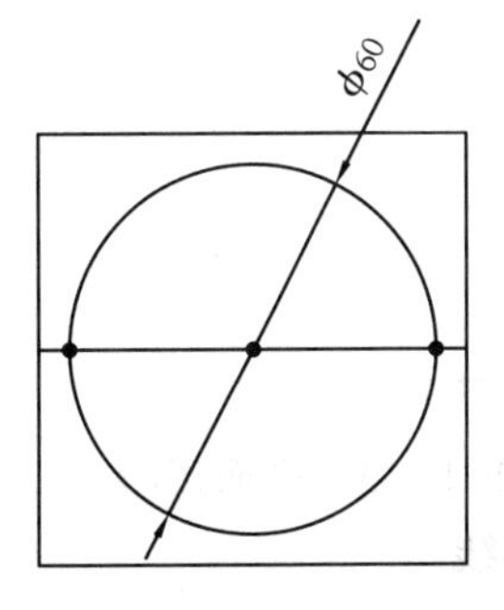

图2-1-12 划圆弧

以圆周上两样冲眼为圆心，用划规（两脚尖的长度等于半径）划弧与圆周相交，如图2-1-13所示。用样冲在交点处打上样冲眼即将圆周分为六等分。如图2-1-14所示。

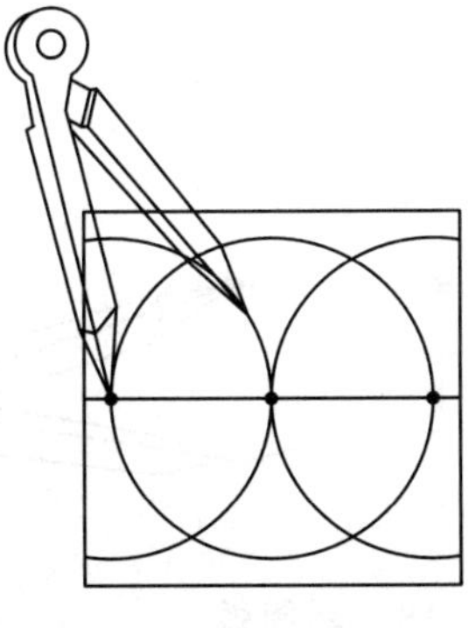

图2-1-13 划弧

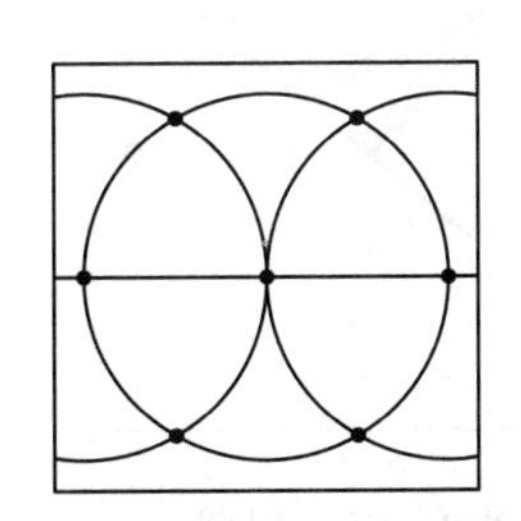

图2-1-14 圆周六等分

小提示

(1)划线线条要一次完成,不要重复划,要求划出的线条清晰、准确。同时划针的针尖要保持尖锐,不用时,应按规定放入盒内保存,以免扎伤人或造成针尖损坏。

(2)划规要两脚等长,脚尖能合拢,松紧适当且脚尖锋利。

(3)打样冲眼的位置要正确,样冲眼要求大小一样,深浅一致,均匀分布,交点正中,齐线打中。

三、划平面图形线条

根据如图2-1-15所示零件图样的要求,在70 mm × 70 mm的薄钢板平面上完成划线任务。

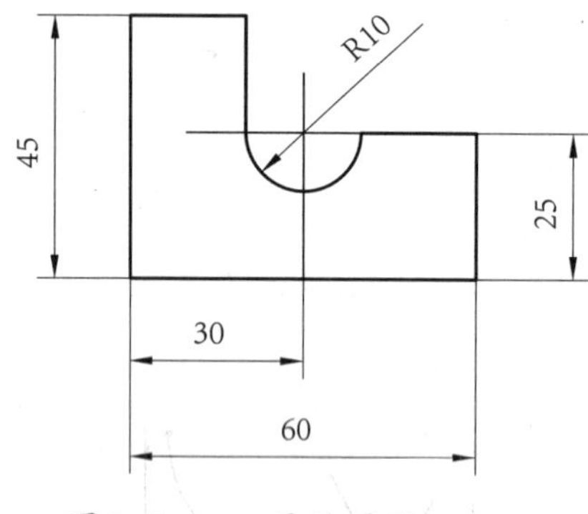

图2-1-15 平面图形

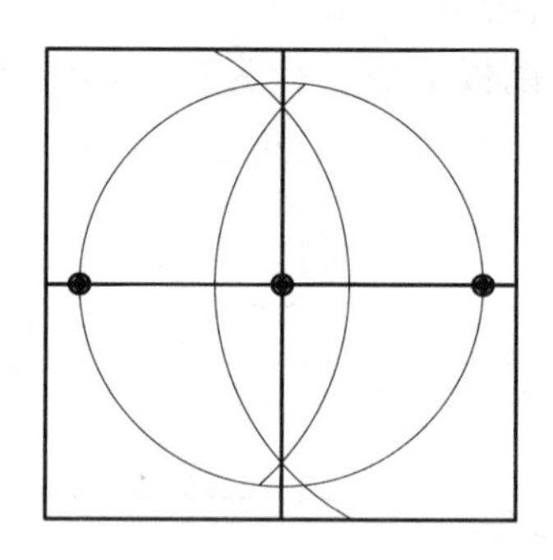

图2-1-16 划中心线

1. 划中心线

在薄钢板上划中心线。如图2-1-16所示。

2. 划圆

以中心处为圆心,如图2-1-17所示,划出直径为20 mm的圆。

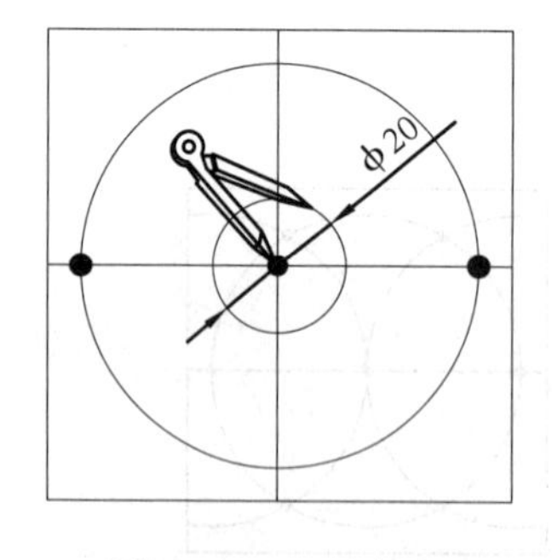

图2-1-17 划圆

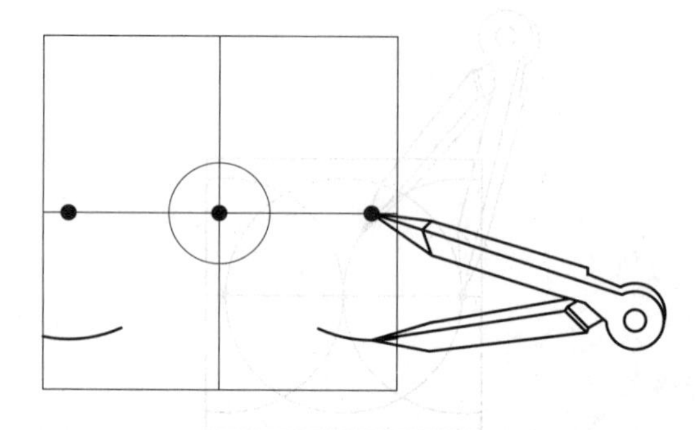

图2-1-18 划圆弧

3. 划轮廓线

划出位于水平中心线下方、距离中心线25 mm的底边轮廓线(用划规划两处圆弧,如图2-1-18所示;用钢直尺和划针划两圆弧的公切线,如图2-1-19所示)。划位于垂直中心线左侧和右侧、距离中心线30 mm的竖直轮廓线,如图2-1-20所示。

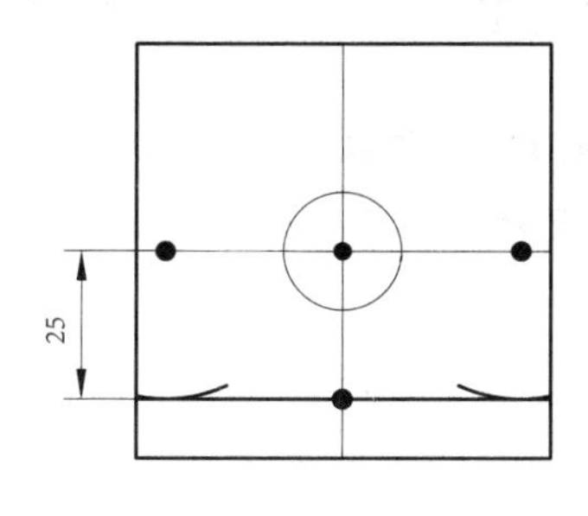

图2-1-19 划公切线

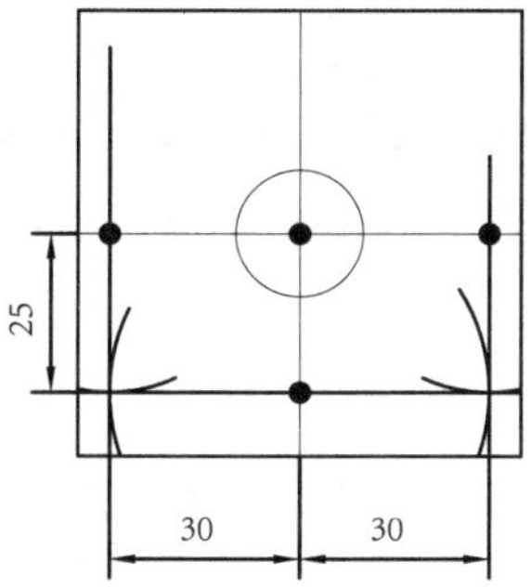

图2-1-20 划侧线

4. 划其他轮廓线及连线

划出位于水平中心线上方、距离中心线20 mm的轮廓线和与圆弧连接的线,如图2-1-21所示。

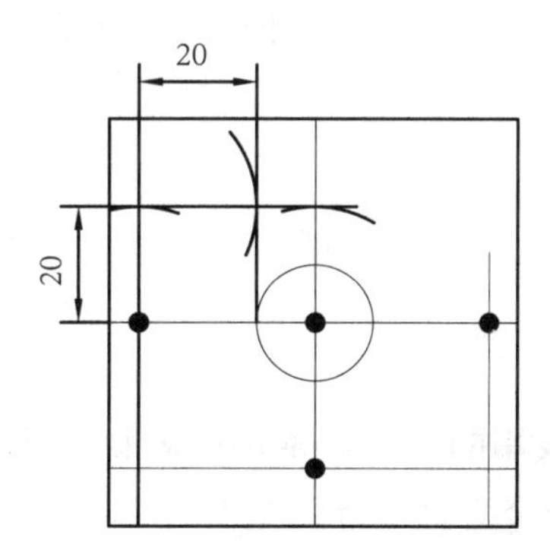

图2-1-21 划其他轮廓线及连线

5. 检查划线结果

检查、对照,确认无错后,按要求打上样冲眼,将工件上交。

小提示

(1)毛坯选尺寸为70 mm×70 mm×8 mm的两面磨平和四边垂直的板料或薄钢板均可。有条件的实训场所还可以进行表面涂色处理,以提高清晰度。

(2)定位线划痕不可过深,以免和轮廓线混淆,造成喧宾夺主。

(3)直线与圆弧连接处要自然、光滑。

(4)在交点处打上样冲眼,样冲眼位置要准确。

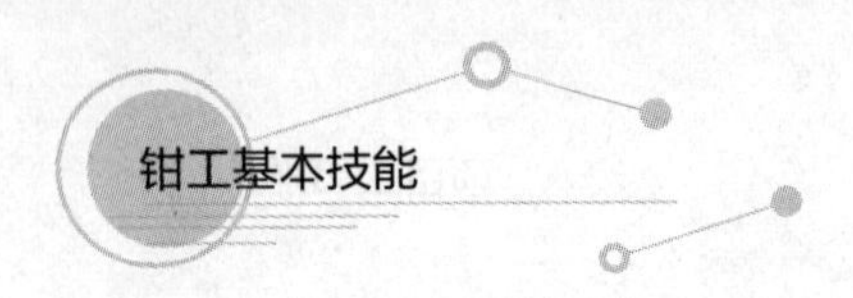

上面已介绍了划线工具的使用，划线时如何保证质量，下面来做一做，看谁做得又好又快。

每位同学用一块70 mm × 70 mm ×8 mm的钢板，按图2-1-22划出图形，并打上样冲眼。先自己评价，然后请其他同学评价，最后教师评价。

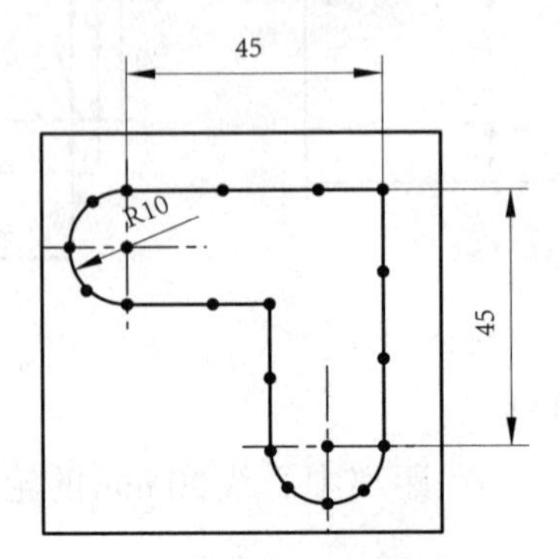

图2-1-22　平面钢板画图

一、主要工具

1. 划针

划针是在工件表面划线用的工具。常用的划针用工具钢或弹簧钢制成(有的划针在其尖端部位焊有硬质合金)，直径范围是3 ~ 6 mm。使用划针时，划针要向外倾斜15° ~ 20°，同时向划线方向倾斜45° ~ 75°，以减小划线误差。用划针时，划针要紧贴于导向工具(钢直尺、样板的曲边)上，并向钢直尺外边倾斜，在进行划线过程中，划针朝移动方向倾斜。如图2-1-23所示。

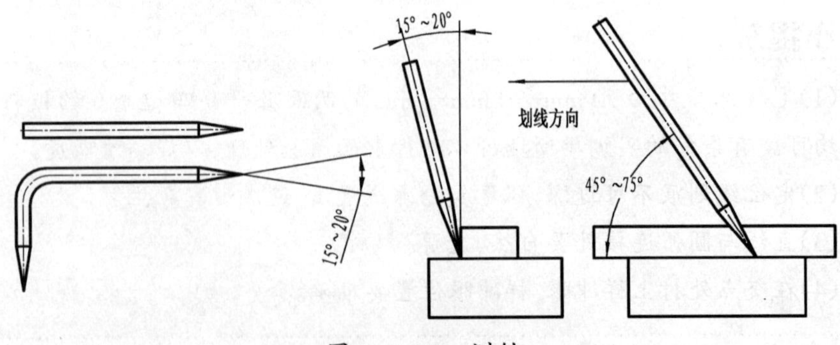

图2-1-23　划针

为什么要用划针而不用折断的锯条进行划线?

2. 划规

划规(图 2-1-24)是划圆或弧线、等分线段及量取尺寸等用的工具,其用法与制图的圆规相似。划线时,最好将工件上的圆心用样冲冲眼,使划线稳定,以减小误差。使用划规划圆时,掌心用较大的力,压在作为旋转中心的一脚尖上,使划规的脚尖扎入金属表面或样冲眼内,另一脚以较轻的力压在工件上,由顺时针或逆时针方向转动划出圆或圆弧,划规的脚尖应保持尖锐,以保证划出的线条清晰。

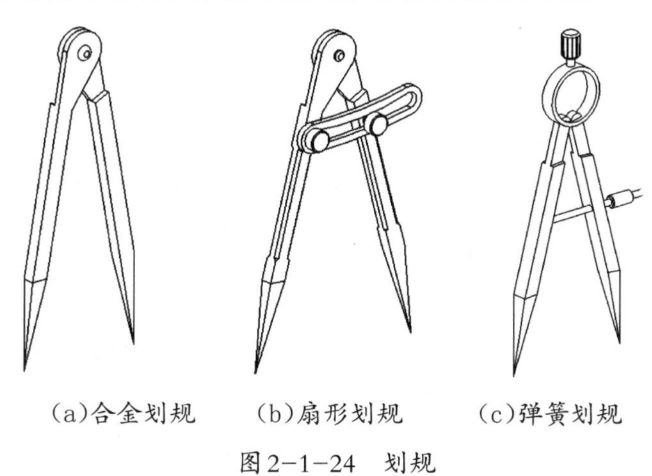

(a)合金划规　(b)扇形划规　(c)弹簧划规

图 2-1-24　划规

3. 样冲

样冲是用于工件划线点上打样冲眼,以备所划线条模糊时仍能找到原划线的位置的工具。样冲是由碳素工具钢制成(可用旧的丝锥、铣刀和铰刀等改制而成),其尖部和锤击端经过硬化处理。在划圆和钻孔前应在其中心打出样冲眼,以便定心,如图 2-1-25 所示。使用样冲冲眼时,先将样冲斜放在需要冲眼的部位,然后将样冲逐渐处于垂直位置,使冲尖落在样冲眼的正确位置后,用锤子锤击样冲冲出样冲眼。

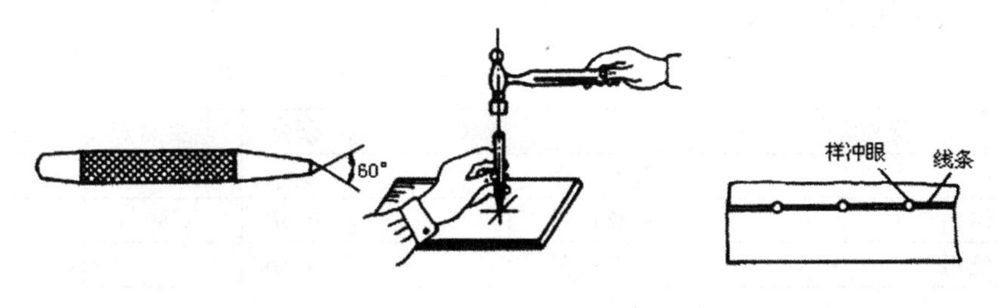

图 2-1-25　样冲

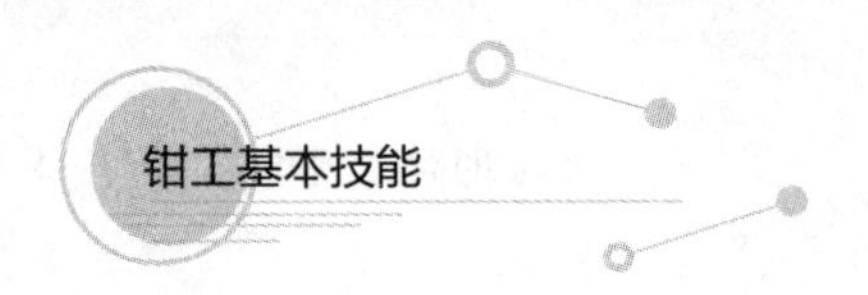

二、钳工安全文明操作规程

（1）工作台与周围必须保持清洁，不得堆放与生产无关的物体。

（2）工作前，要检查工具是否完好。

（3）工作前，必须穿戴好防护用品，衣边袖口不许飘摆。

（4）常用工具、量具的管理要求责任到人，所有工具、量具规范使用，不得挪作他用。

三、辅助工具

1. 锤子和划线锤

锤子（图2-1-26）主要用于锤击或借助工具锤击加工。而划线锤（图2-1-27）是用于在工件所划线上打样冲眼、打钻孔中心眼的。

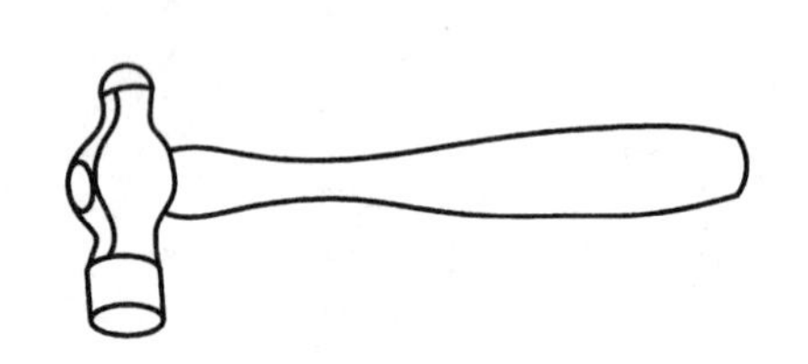

图2-1-26　锤子

图2-1-27　划线锤

2. 钢直尺

钢直尺（图2-1-28）是一种简单的测量工具和划直线的导向工具，在尺面上刻线，最小刻线间距为0.5 mm，其规格有150 mm、300 mm、500 mm、1000 mm，在机械加工中以毫米（mm）为单位，机械图样上没有标注单位，就说明是以毫米为单位。

图2-1-28　钢直尺

任务评价

对工具的使用和平面划线情况，根据表2-1-2中的要求进行评价。

表2-1-2　工具使用和平面划线情况评价表

评价内容	评价标准	分值	学生自评	教师评估
准备工作	准备充分	5分		
工具的识别	正确识别工具	10分		
划针的使用	正确使用	10分		

续表

评价内容	评价标准	分值	学生自评	教师评估
划规的使用	正确使用	10分		
样冲的使用	正确使用	10分		
划线均匀	达到要求	15分		
圆弧连接光滑	达到要求	10分		
样冲眼的位置准确、大小一致	达到要求	10分		
安全文明生产	没有违反安全操作规程	5分		
情感评价	按要求做	15分		
学习体会				

一、填空题(每题10分,共50分)

1.划线分为__________和立体划线两大类。

2.划线的精度一般为________mm。

3.常用的划针用__________或弹簧钢制成。

4.使用划针时,划针要向外倾斜_______ ~ 20°,同时向划线方向倾斜_____ ~ 75°,以减小划线误差。

5.工作前,必须穿戴好_______,衣边袖口不许飘摆。

二、判断题(每题10分,共50分)

1.划线时,为了线条更清晰可见,要多次重复划线。 (　　)

2.钢直尺尺面上最小刻线间距为0.5 mm。 (　　)

3.划规的两脚要求等长,脚尖能合拢。 (　　)

4.样冲眼要求是大小一样,深浅一致,均匀分布,交点正中,齐线打中。 (　　)

5.用划规划圆弧时,施加于两脚尖的力要一样大。 (　　)

任务二 划轴承座表面上的线

任务目标

(1)能识别划线工具。

(2)会使用划线工具。

(3)能正确地进行几何体表面划线操作。

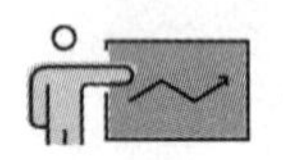

任务分析

本任务的主要内容是识别划线工具,会使用划线工具划几何形体各表面上的线。完成本任务需要划线工具(划针盘、划规、样冲、宽座角尺、千斤顶等)和辅助工具(钢直尺、锤子等)。划几何形体各表面上的线又称为零件的立体划线,立体划线是指在工件的组成表面(通常是相互垂直的表面)上划线,如图2-2-1所示,即在长、宽、高三个方向上划线。

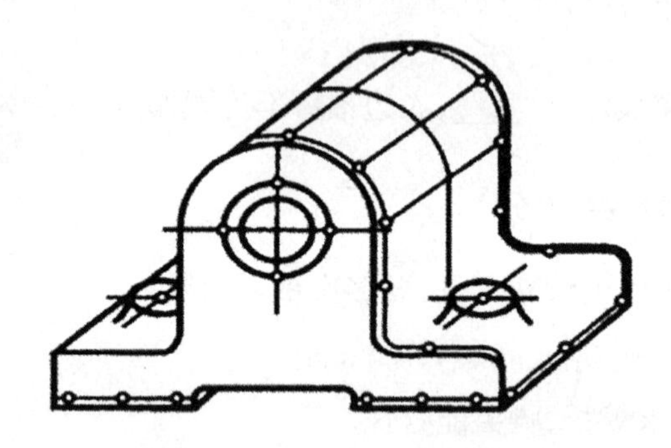

图2-2-1 划轴承座表面上的线

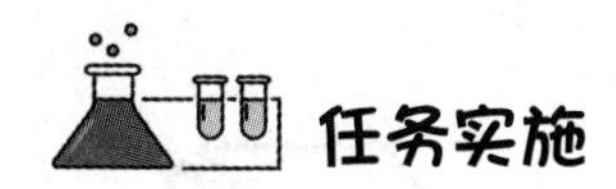

任务实施

一、工具、量具的准备

立体划线的工具、量具准备清单见表2-2-1。

表2-2-1 工具、量具清单

序号	名称	规格	数量
1	划线平板		1块/人
2	划针盘		1把/人
3	划规		1把/人
4	样冲		1只/人
5	锤子		1把/人
6	千斤顶		3个/人
7	“V”形铁		1块/人
8	圆钢棒料	ϕ50×60 mm	1根/人
9	宽座角尺		1把/人

二、划轴承座表面上的线

轴承座划线属于毛坯划线，其立体划线操作方法及具体步骤如图2-2-2所示。

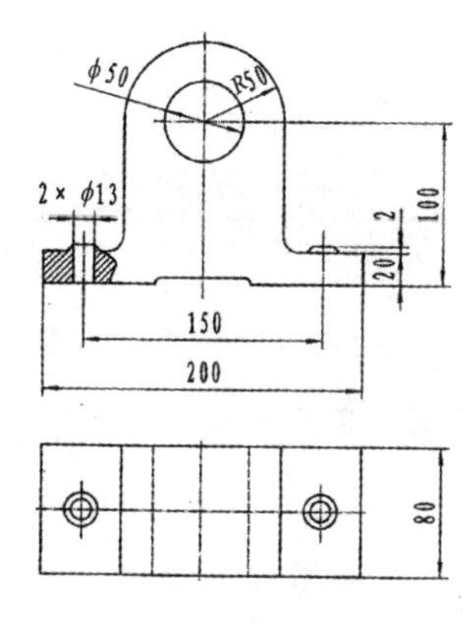

(a)轴承座零件图

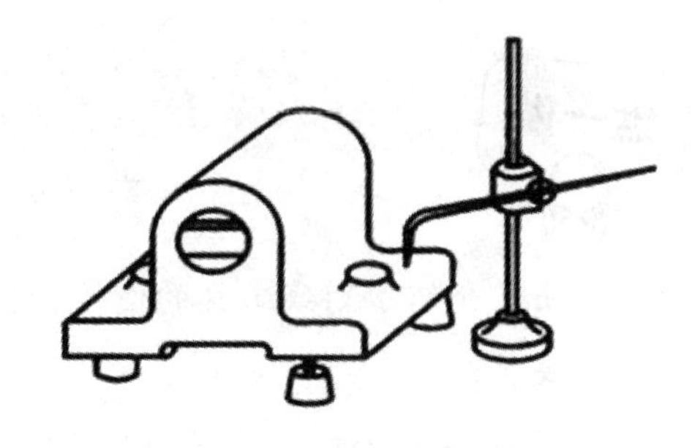

(b)根据孔中心及上平面，调节千斤顶，使工件水平

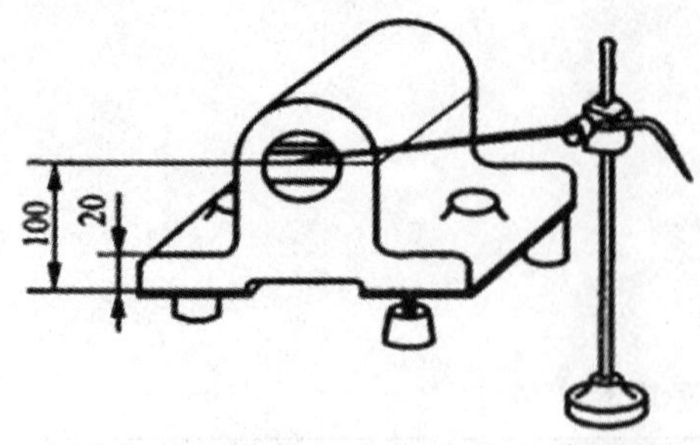

(c)划底面加工线和大孔的水平中心线

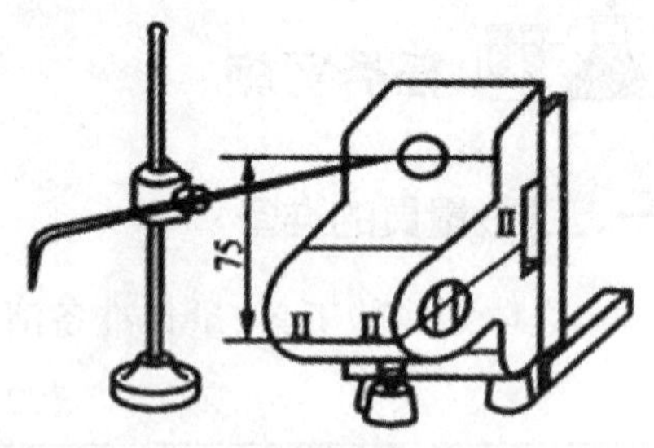

(d)旋转90°，用宽座角尺找正，划大孔的垂直中心线及螺孔中心线

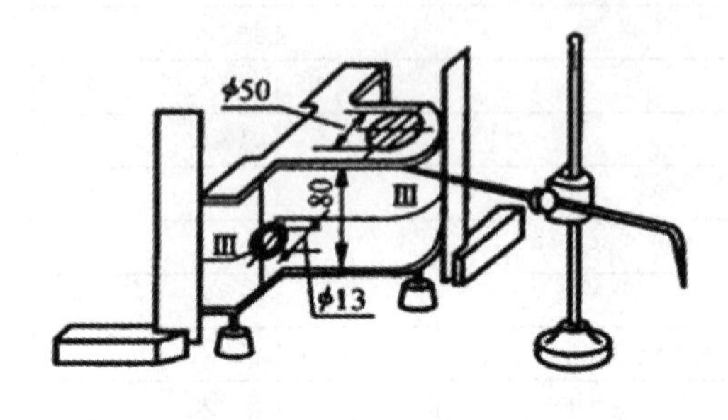

(e)再翻转90°，用宽座角尺两个方向找正，划螺钉孔、另一方向的中心线及大端面加工线

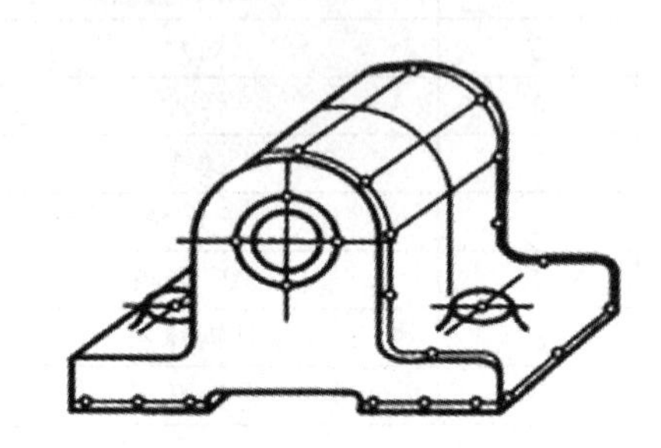

(f)打样冲眼

图2-2-2　立体划线步骤

上面已介绍了划线工具的使用，划线时如何保证质量，下面来做一做，看谁做得又好又快。

如图2-2-3所示，工件为直径40 mm、长度60 mm、外圆车圆且光滑的棒料，按图样划出图形：将圆柱体表面均分为四份。先自己评价，然后请其他同学评价，最后教师评价。

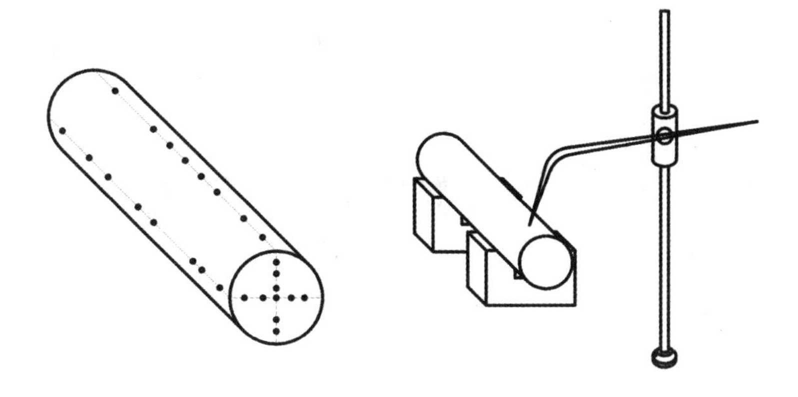

图2-2-3 圆柱四等分　　　　图2-2-4 找正

小提示

(1)将一直径相同的圆柱放置在"V"形铁上找正。划针应在长度方向慢慢移动并左右摆动,以保证圆柱体一样高。如图2-2-4所示。

(2)划圆柱的中心线。将划针高度调至圆柱的中心处,对准工件,划针慢慢向后移动,对表面进行划线。划线时,工件不要移动,划针不能松动。如图2-2-5所示。圆柱的中心高$h=m-d/2$,如图2-2-6所示。

(3)将工件旋转90°,用宽座角尺找正,此时划针再次对工件表面进行划线,如图2-2-7所示,并在规定的位置处打下样冲眼,即完成工作。

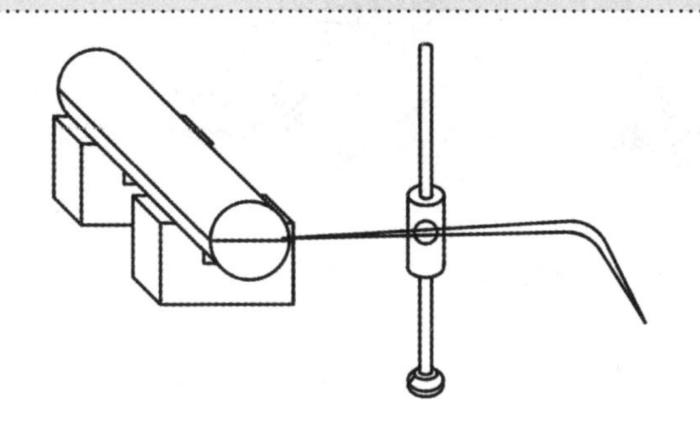

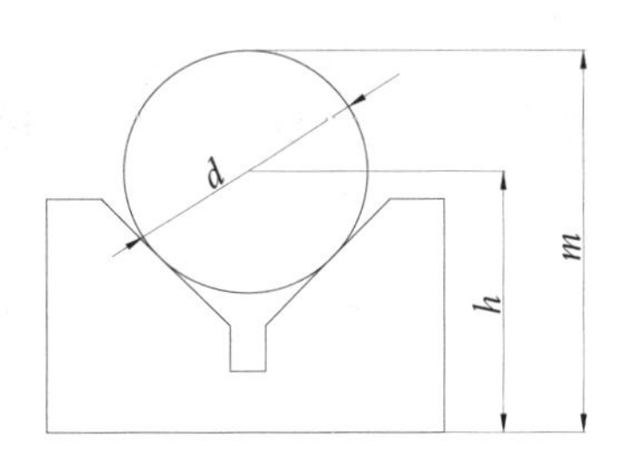

图2-2-5 划中心线　　　　图2-2-6 中心高

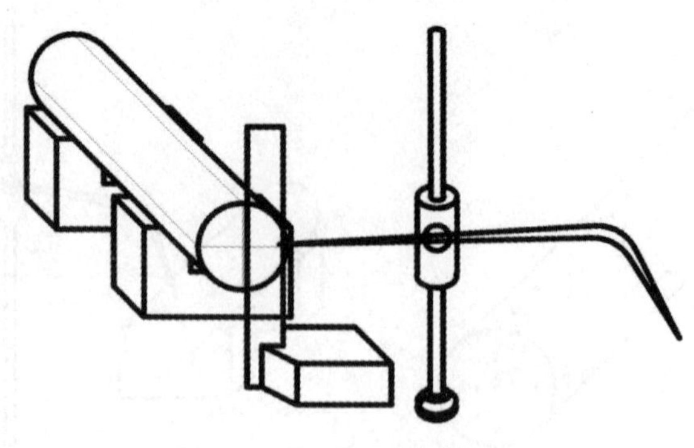

图 2-2-7　找正划线

相关知识

一、主要工具

1. 划针盘

划针盘主要用于立体划线和校正工件。它由底座、立杆、划针和锁紧装置组成。如图2-2-8所示。

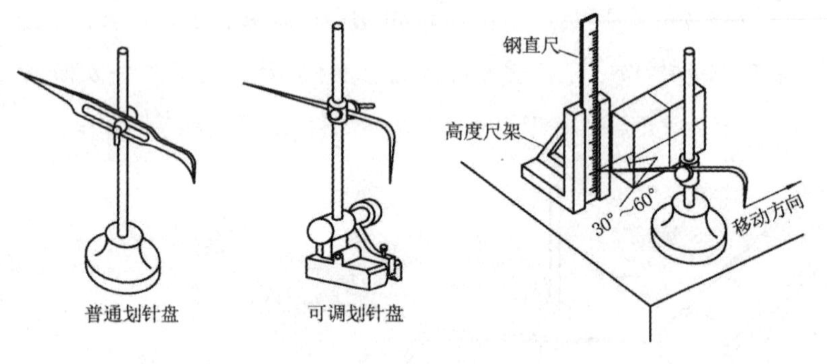

图 2-2-8　划针盘

2. 划线平板

划线平板是基准工具，由铸铁制成，光滑、平整的表面是划线的基准平面，要求非常平整和光洁。如图2-2-9所示。

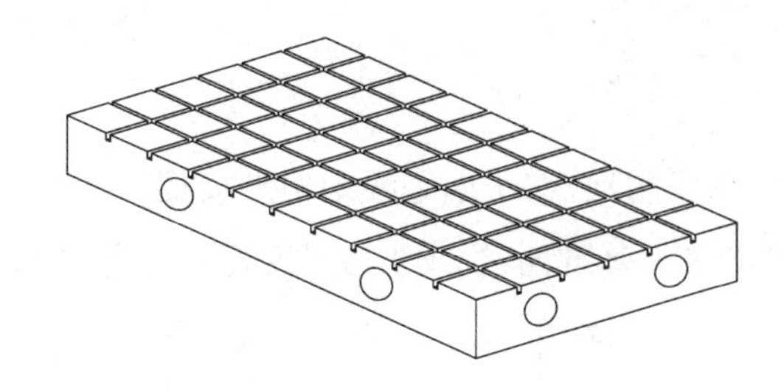

图2-2-9 划线平板

3. 千斤顶

用于在平板上支承体积较大及形状不规则的工件，其高度可以调整。通常用3个千斤顶支承工件，如图2-2-10所示。

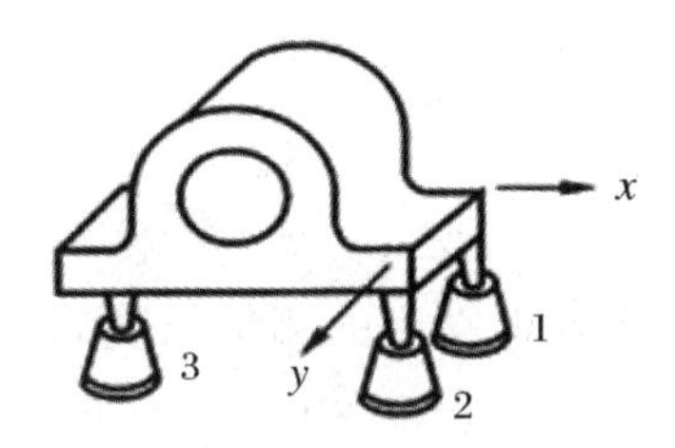

图2-2-10 千斤顶

4. "V"形铁

"V"形铁也称"V"形架，用于支承圆柱形工件，使工件轴线与底板平行，如图2-2-11所示。

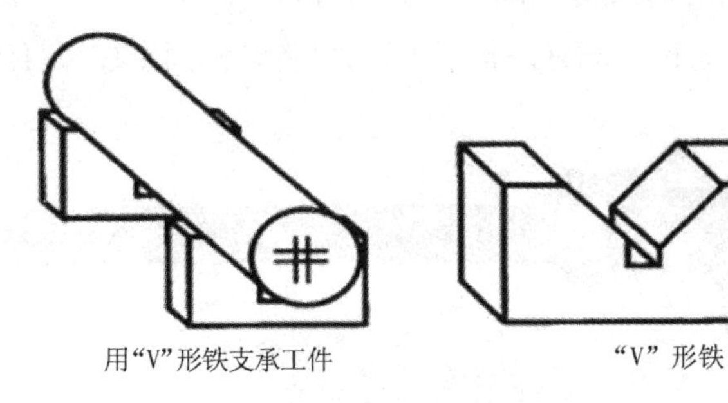

图2-2-11 "V"形铁

5. 直角尺

直角尺常用的是宽座角尺，在平面划线中用来按某一基准划出它的垂直线；在立体划线中用来校正工件的某一基准面、线或线与平板表面的垂直度。如图2-2-12所示。

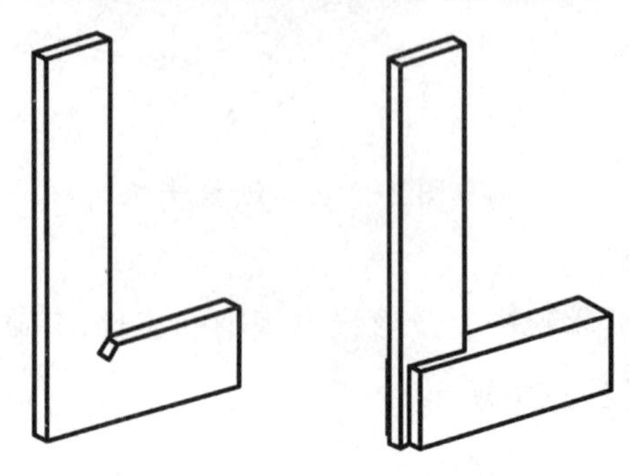

图2-2-12　直角尺

二、游标卡尺

游标卡尺是工业上常用的测量长度的量具，是一种中等精度的量具。游标卡尺的特点：结构简单，使用方便，测量范围大，测量精度较高，在生产中应用广泛。游标卡尺根据用途分为：普通游标卡尺、深度游标卡尺、高度游标卡尺、齿厚游标卡尺，还有读数更为方便的带表游标卡尺、数字显示游标卡尺。

1. 游标卡尺

它由尺身及能在尺身上滑动的游标组成，其外形如图2-2-13所示。若从背面看，游标是一个整体。游标与尺身之间有一弹簧片（图中未能划出），利用弹簧片的弹力使游标与尺身靠紧。游标上部有一紧固螺钉，可将游标固定在尺身的任意位置。

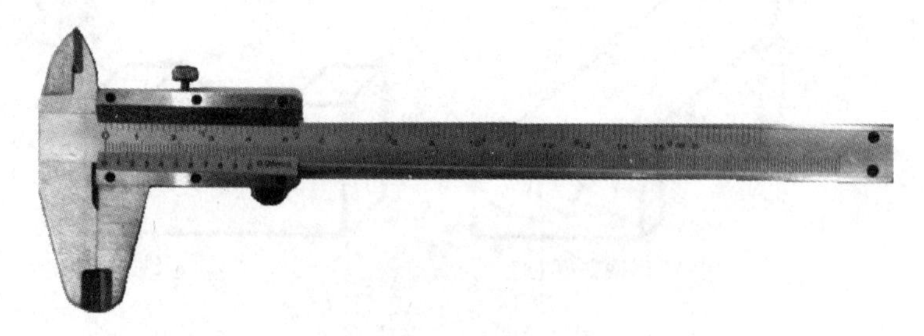

图2-2-13　游标卡尺

尺身和游标都有测量爪，利用内测量爪可以测量槽的宽度和管的内径，利用外测量爪可以测量零件的厚度和管的外径。深度尺与游标尺连在一起，可以测量槽和筒的深度。如图2-2-14所示。

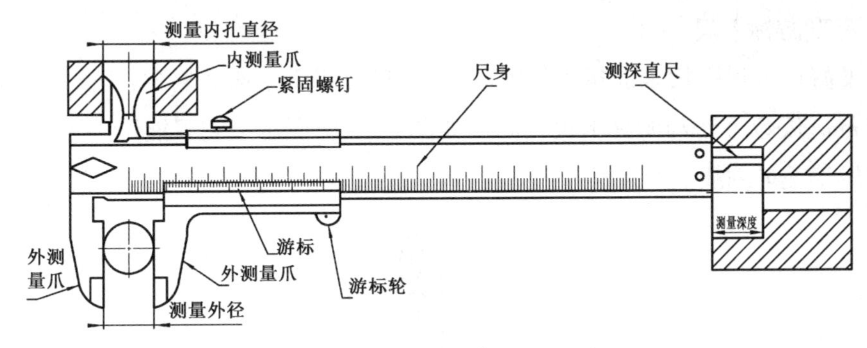

图 2-2-14 游标卡尺的用途

游标卡尺的尺身和游标上面都有刻度。测量时，右手拿住卡尺，大拇指移动游标，左手拿住待测外径（或内径）的物体，使待测物位于测量爪之间，当待测物体与测量爪紧紧相贴时，即可读数，如图 2-2-15 所示。

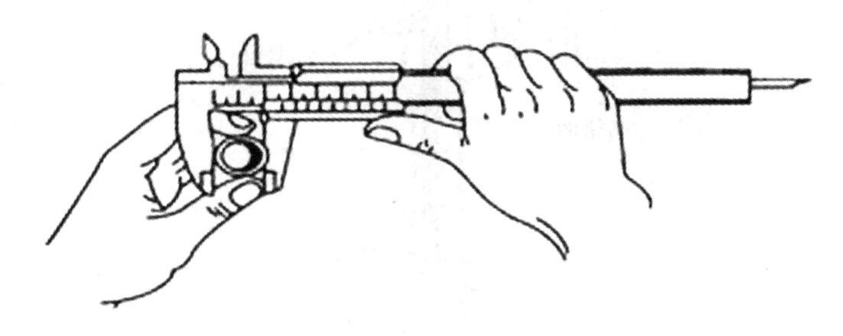

图 2-2-15 测量方法

游标卡尺。读数时，首先以游标零刻度线为准在尺身上读取毫米整数，即以毫米为单位的整数部分，如图 2-2-16 所示；然后看游标上第几条刻度线与尺身的刻度线对齐，如图中第 19 条刻度线与尺身的刻度线对齐，则小数部分即为 19×1 / 50 = 0.38 mm（读数精度为 0.02 mm）。如有零误差，则一律用上述结果减去零误差（零误差为负，相当于加上相同大小的零误差），即读数结果 = 整数部分 + 小数部分 − 零误差。如果需测量几次取平均值，则不需每次都减去零误差，只要从最后结果中减去零误差即可。

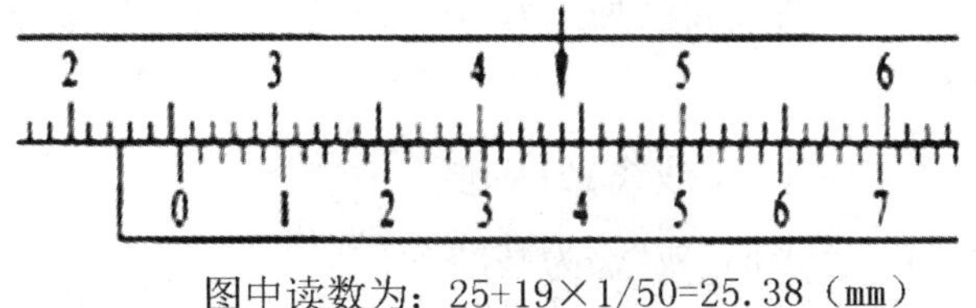

图中读数为：25+19×1/50=25.38（mm）

图 2-2-16 读数方法

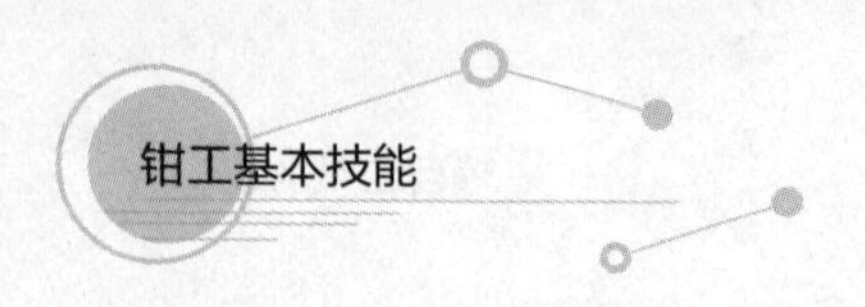

2. 高度游标卡尺

高度游标卡尺除用来测量工件的高度外，还可用于半成品划线，其读数精度一般为0.02 mm，读数方法与游标卡尺相同。如图2-2-17所示。它只能用于半成品划线，不允许用于毛坯划线。

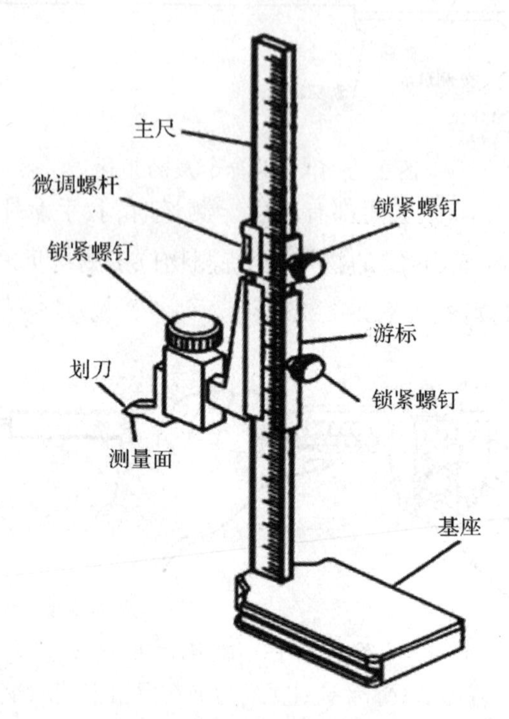

图2-2-17　高度游标卡尺

三、划线基准的选择

用划针盘划各种水平线时，应选定某一基准作为依据，并以此来调节每次划针的高度，这个基准称为划线基准。

一般划线基准与设计基准一致，常选用重要的中心线或零件上尺寸标注基准线为划线基准。若工件上个别平面已加工好，则以该加工面为划线基准。常见的划线基准有以下三种类型：

(1)以两个相互垂直的平面(或线)为基准。

(2)以一个平面与对称平面(或线)为基准。

(3)以两个互相垂直的中心平面(或线)为基准。

划线基准应尽量与设计基准一致，毛坯的基准一般选其轴线或安装平面作基准。

任务评价

对工具的使用和立体表面划线情况，根据表2-2-2中的要求进行评价。

表2-2-2 工具使用和立体表面划线情况评价表

评价内容	评价标准	分值	学生自评	教师评估
准备工作	准备充分	5分		
工具的识别	正确识别工具	10分		
划针盘的使用	正确使用	10分		
角尺的使用	正确使用	10分		
样冲的使用	正确使用	10分		
“V”形铁的使用	正确使用	10分		
划线均匀	达到要求	15分		
样冲眼的位置准确、大小一致	达到要求	10分		
安全文明生产	没有违反安全操作规程	5分		
情感评价	按要求做	15分		
学习体会				

一、填空题（每空10分，共50分）

1.找正工件，高度一致用______工具来调整。

2.“V”形铁，用于_______工件，使工件轴线与底板平行。

3.常用游标卡尺利用内测量爪测量槽的宽度和管的_______，利用外测量爪测量零件的厚度和管的_______。深度尺与游标尺连在一起，可以测量槽和筒的_______。

二、判断题（每空10分，共50分）

1.在进行立体划线时，支承圆柱体用一个“V”形铁就能调正工件。（ ）

2.高度游标卡尺只能用于半成品的划线，不允许用于毛坯划线。（ ）

3.游标卡尺是中等精度量具，一般能准确地读出0.002 mm尺寸。（ ）

4.划线平板不用时应涂油保护。（ ）

5.划针盘主要用于立体划线和校正工件的位置。（ ）

项目三 锯削工件

在生活中见过用锯子锯木头的场景吗？钳工加工中，用手锯锯钢铁材料。根据图样的尺寸要求，用手锯锯断金属材料（或工件）或在工件上进行切槽的操作方法称为锯削。

锯削是钳工的三大基本技能之一，在机械零件加工中，可以用锯削来进行下料，或锯削掉多余的金属，得到我们需要的零件毛坯，如下图所示。本项目主要学习锯削的操作。

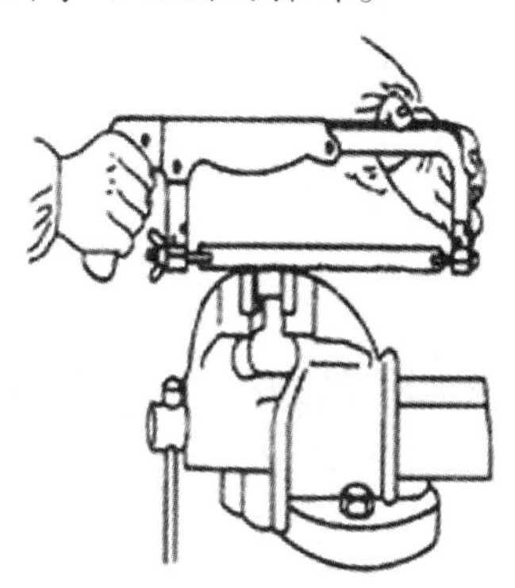

锯削零部件

目标类型	目标要求
知识目标	（1）知道锯削工具的用途 （2）知道锯条的切削角度 （3）知道锯条锯齿粗细的选用 （4）掌握锯削操作要领
技能目标	（1）能描述锯削操作要领 （2）能根据不同工件材料选择锯条，并能正确安装锯条 （3）能按图纸要求完成锯削六面体的工作任务
情感目标	（1）养成工具、量具摆放整齐，用完及时归还的良好习惯 （2）养成完成工作任务后及时打扫场地卫生的习惯 （3）严格遵守锯削操作安全规程，预防安全事故发生

任务 锯削六面体工件

任务目标

（1）能根据不同工件材料选择锯条，并能正确安装锯条。

（2）能正确地操作锯弓进行锯削工作。

（3）能做到安全、文明操作。

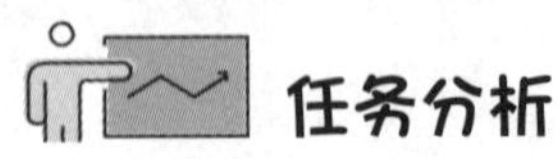

任务分析

本任务主要要求同学们掌握锯削工具的种类、用途，能正确装夹工件；掌握锯削的方法、锯条安装要求和手锯的握法以及正确的锯削姿势；能正确锯断工件，锯槽，并达到工件的形状和尺寸要求。如图3-1-1所示，用圆钢ϕ55×80 mm毛坯料加工出下列尺寸要求的工件。

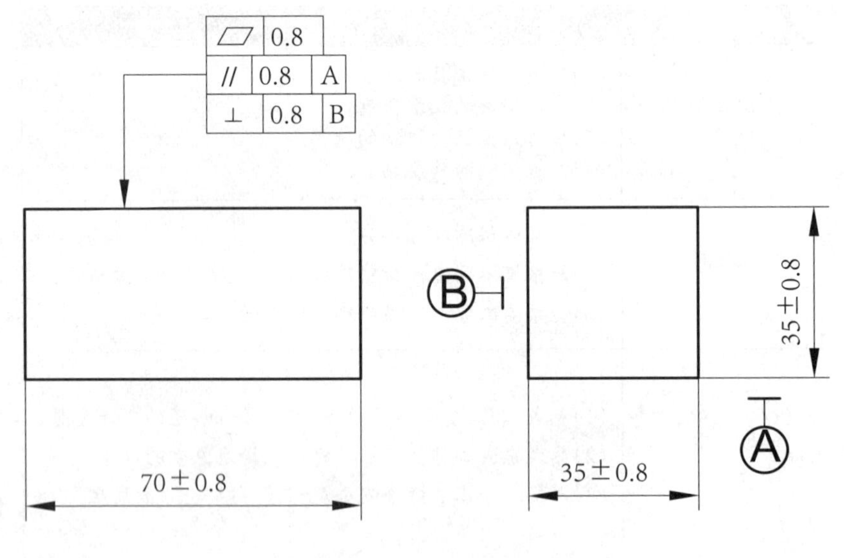

图3-1-1 长方体

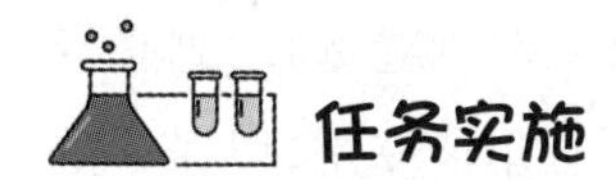

一、工具、量具的准备

锯削六面体任务的工具、量具准备清单见表3-1-1。

表3-1-1 工具、量具清单

序号	名称	规格	数量
1	划线平板		1块/人
2	划针		1把/人
3	样冲		1只/人
4	锤子	0.5 kg	1把/人
5	锯弓		1把/人
6	锯条	300 mm	3根/人
7	钢直尺	200 mm	1把/人
8	直角尺		1把/人
9	毛坯材料	圆钢ϕ55×80 mm	1件/人

二、任务实施步骤

(1)按图3-1-1所示尺寸,准备材料:圆钢ϕ55×80 mm。

(2)安装锯条:装夹锯条时,注意锯条松紧适中,不宜太紧或太松。

(3)按长度划线,注意划线时,可以用较厚的长方形纸片包围在外圆表面进行划线71 mm,如图3-1-2所示,留余量大约1 mm。

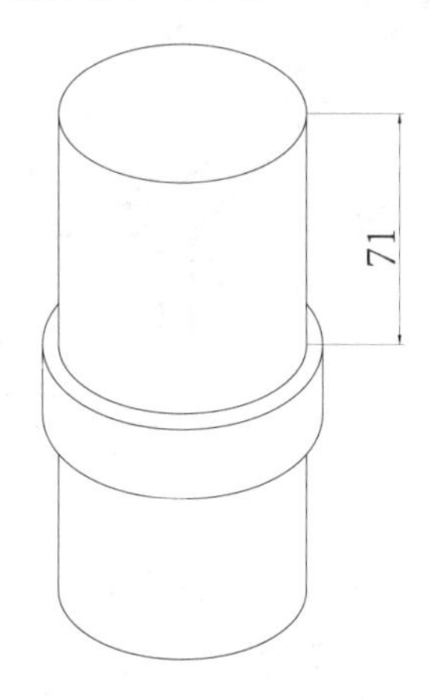

图3-1-2 长度划线

(4)依据划的长度线将工件锯断。

(5)划线。在"V"形铁上结合直角尺划出十字中心线，再按(35+锯缝宽)/2划平行线，最后连接外表面线，得锯缝线。注意划中心线时一定要用直角尺靠正，以保证垂直。如图3-1-3所示。

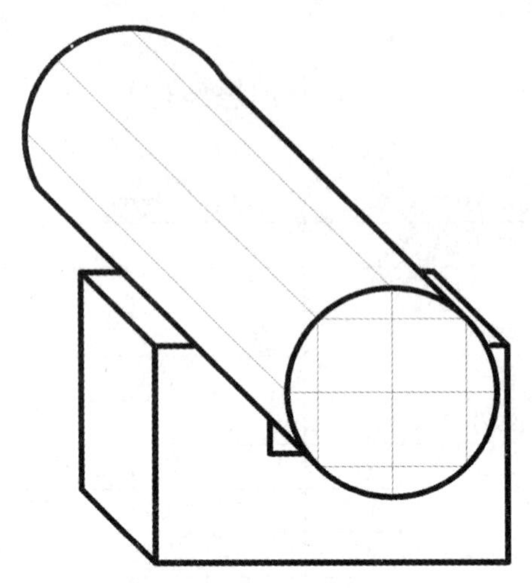

图3-1-3　划线示意图

(6)将划好加工线的工件正确牢固夹持在台虎钳上，注意零件装夹要牢靠，按锯缝线依次锯，得到长方体，如图3-1-4所示。注意起锯要准确，锯痕要整齐，表面要平整，做到尺寸误差控制在±0.8 mm以内。平面度、垂直度、平行度要控制在允许范围内，加工过程中，注意随时观察，及时纠正。

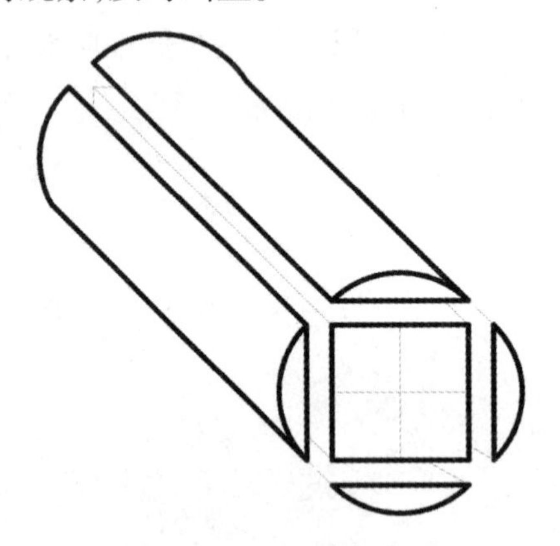

图3-1-4　锯削长方体

(7)按照图纸尺寸检测零件质量要求。合格后上交零件。

(8)清理工具、量具数量，擦拭干净，并归还工具、量具。

(9)打扫工作场地，清洁卫生。

上面已介绍了锯削工具的使用，锯削时如何保证质量，下面来做一做，看谁做得又快又好。

每位同学用一块70 mm×70 mm×8 mm的薄钢板，按图样进行锯削操作，如图3-1-5所示。先自己评价，然后请其他同学评价，最后教师评价。

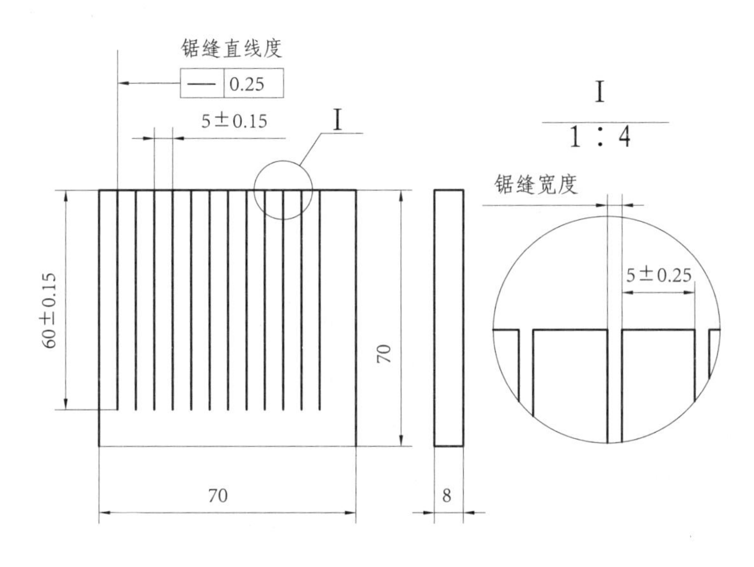

图3-1-5 锯削工件

锯缝宽度按实际数据计算，要求尺寸准确，锯缝直线度在0.25 mm内。

一、认识锯削工具

用手锯把材料(或者工件)锯出狭缝或进行分割的工作称为锯削。锯削的工具是手锯，手锯由锯弓和锯条两部分组成。

1.锯弓

锯弓是用来安装和张紧锯条的，锯弓有固定式和可调式两种，如图3-1-6所示。固定式锯弓只能安装一种长度的锯条；可调式锯弓的安装距离可以调节，能安装不同长度的锯条。

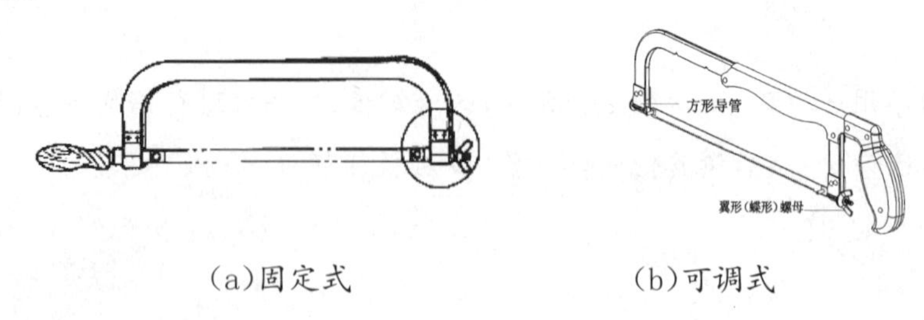

(a)固定式　　(b)可调式

图3-1-6　锯弓

锯弓两端都装有夹头，与锯弓两端的方孔配合，一端是固定的，一端是活动的。当锯条装在两端夹头的销子上后，旋紧活动夹头上的蝶形螺母就可以把锯条拉紧。

2.锯条

锯条在锯削过程中进行切削工作，是锯削时的刀具，它是用碳素工具钢（如T10或T12）或合金工具钢经热处理后制成。锯条的规格以锯条两端安装孔之间的距离来表示，钳工常用锯条长度是300 mm。

(1)锯条的切削角度。

锯条上有许多锯齿，每一个锯齿相当于一把小小的錾子，如图3-1-7(a)所示。为了使锯条切削部分有比较大的容屑槽，提高锯削效率，锯齿的后角较大，为了保证锯齿强度，锯齿前角不宜太大。一般情况是，前角$\gamma=0°$，后角$\alpha=40°$，楔角$\beta=50°$。

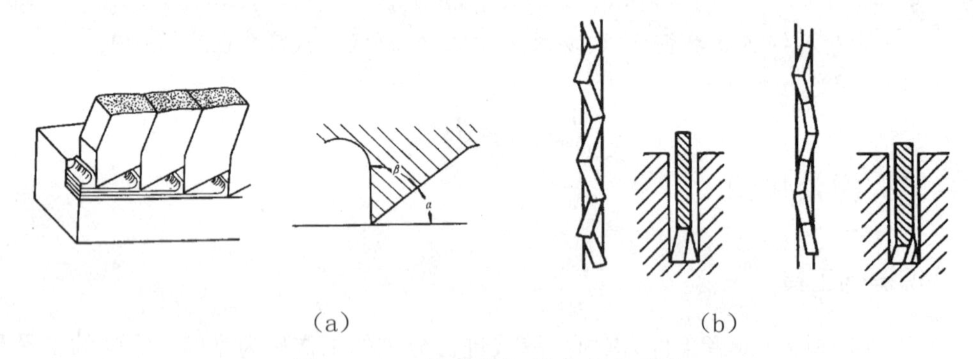

(a)　　(b)

图3-1-7　锯条的切削角度和锯路

(2)锯路。

为了减少锯缝两边对锯条的摩擦阻力,避免锯条被夹住或折断,锯条在制造时,锯齿按一定的规律左右错开,排列成一定的形状,这叫锯路。锯路可以使锯缝宽度大于锯条厚度,从而防止“夹锯”和锯条过热,并减少锯条磨损。

锯路有交叉形和波浪形两种,如图3-1-7(b)所示。

(3)锯条的粗细及选择。

锯条的粗细以锯条每25 mm长度内的齿数来表示。一般分粗、中、细3种。14～18齿为粗齿,22～24齿为中齿,32齿为细齿。

一般来说,粗齿锯条的容屑空间大,适用于锯削软材料或较大的切面。锯割硬材料或切面较小的工件应选细齿锯条。因材料硬不宜锯入,每推锯一次切屑较少,不易堵塞容屑槽,细齿同时参加切削的齿数多,可使每齿担负的锯割量小,材料易于切除,推锯省力,锯齿也不易磨损。锯割管子、薄板时选细齿锯条,避免锯齿被工件勾住造成崩齿。

(4)锯条的安装。

锯条安装时,要注意锯齿方向。锯条切削时,手锯向前推为切削,向后返回时不切削。因此,锯条安装时锯齿要朝前安装,如图3-1-8所示。

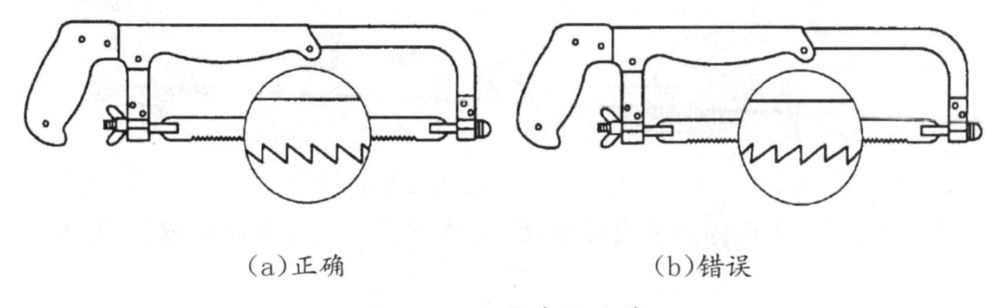

(a)正确　　(b)错误

图3-1-8　锯条的安装

二、锯削操作要领

(1)锯削时站立姿势。左脚在前，右脚在后，两脚距离约为锯弓之长，成"L"形，如图3-1-9所示。

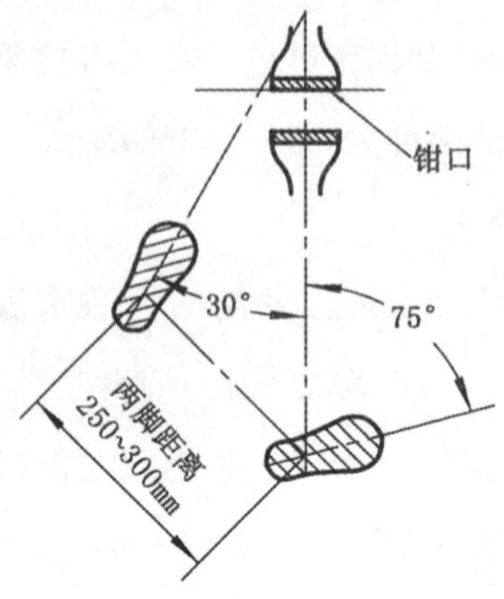

图3-1-9　锯削站立姿势

(2)握锯弓方法。右手推锯柄，左手大拇指扶在锯弓前面的弯头处，其他四指握住下部，锯削时推力和压力均主要由右手控制，左手施加压力不要太大，主要起扶正锯弓的作用。

(3)起锯方法有两种。远起锯和近起锯，一般采用远起锯，起锯角度以15°左右为宜，如图3-1-10所示。

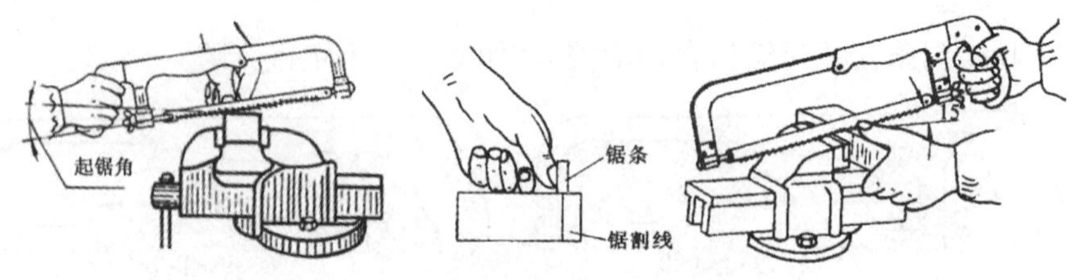

图3-1-10　起锯方法

(4)据削过程中，手握锯柄要自然舒展，人体重量均匀分布在两脚上，如图3-1-11所示。

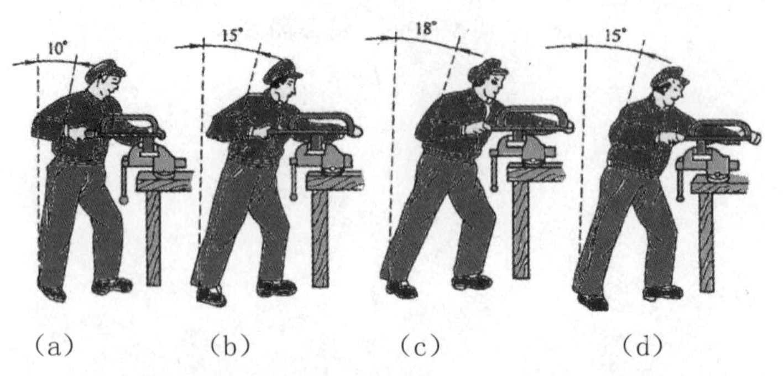

图3-1-11　锯削动作要领和方法

锯削时左、右手要协调，推力和扶锯力不要过大、过猛，回程应不施加力，如图3-1-12所示。锯削速度不宜过快，每分钟30～60次为宜，并用锯条全长的三分之二进行工作，以免锯齿中间部分迅速磨损。

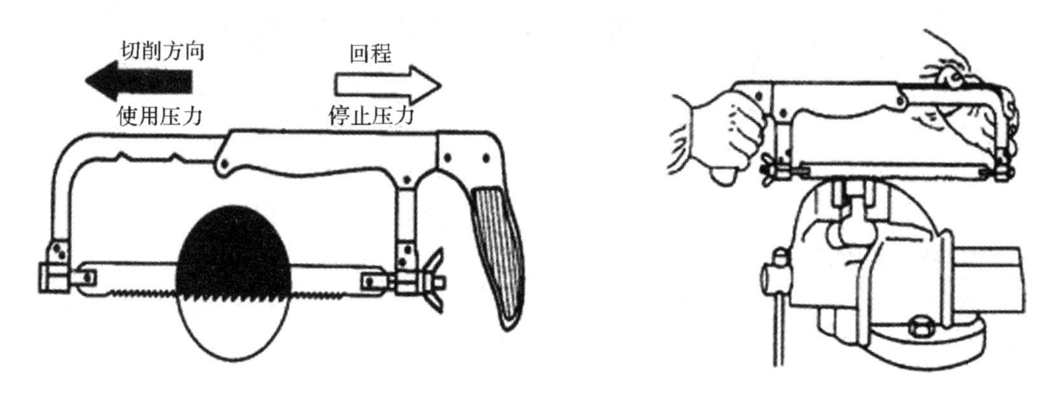

图3-1-12 锯削时两手用力

三、不同几何断面的锯削方法

1. 棒料的锯削

从起锯到锯断，要一锯到底。只是要求切断的棒料，可以从周边几个方向切入而不到中心，最后折断。

2. 薄壁管件的锯削

薄壁管件锯削时，应夹在木垫之间，如图3-1-13所示。锯削时，不宜从一个方向锯到底，应从周边旋转切入到管件内壁，至切断为止，如图3-1-14所示。旋转方向应使已锯的部分转向锯条推进方向。

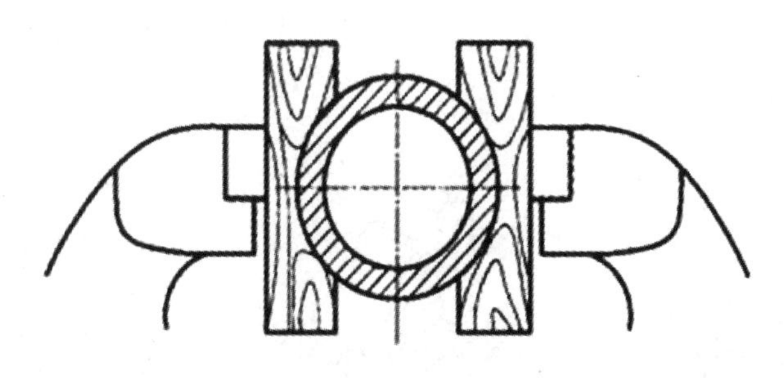

图3-1-13 薄壁管件的夹持

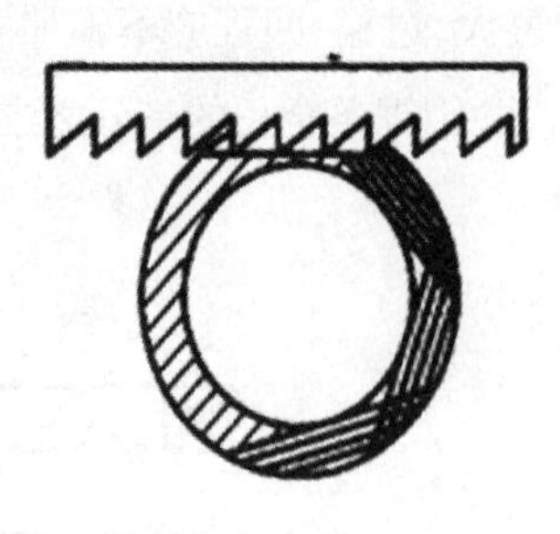

(a)正确

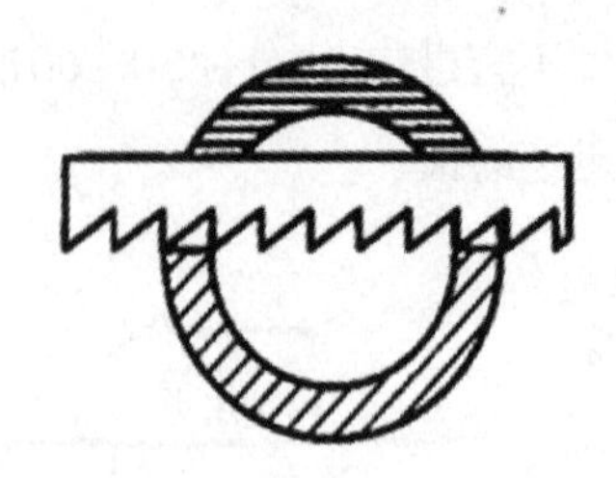

(b)错误

图3-1-14　薄壁管件的锯削

3. 薄板的锯削

较大的板料，可以从大面斜向锯削。狭长薄板应夹持在两木板之间一同锯断，如图3-1-15所示。

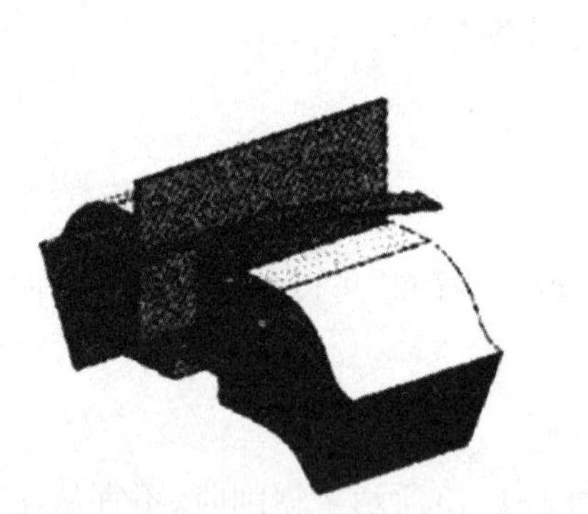

(a)斜向锯削

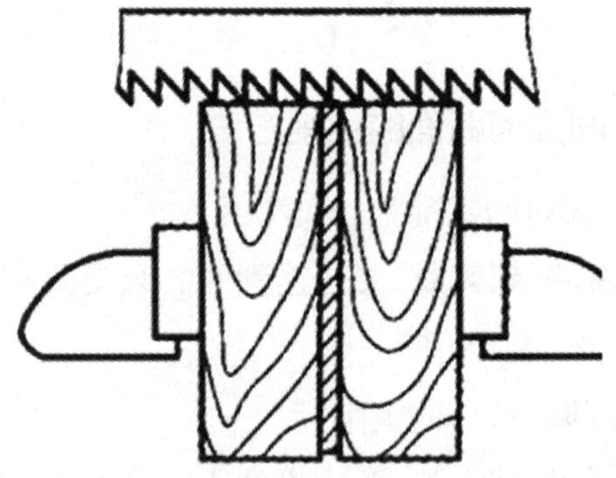

(b)木板夹持锯削

图3-1-15　薄板的锯削方法

4. 深缝的锯削

高于锯弓跨度的深缝，锯削时可以将锯条旋转90°装在锯弓上进行锯削，如图3-1-16所示。

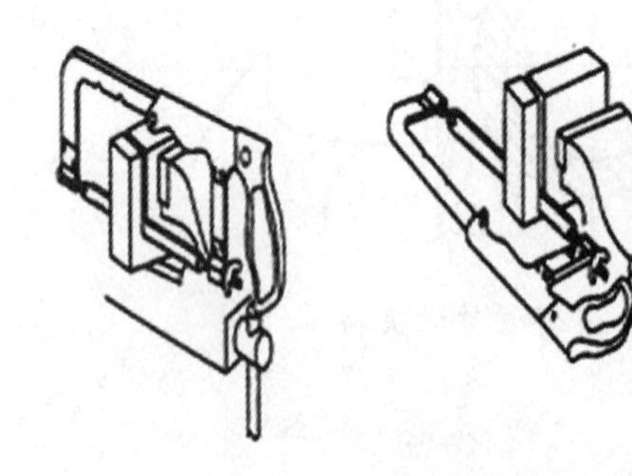

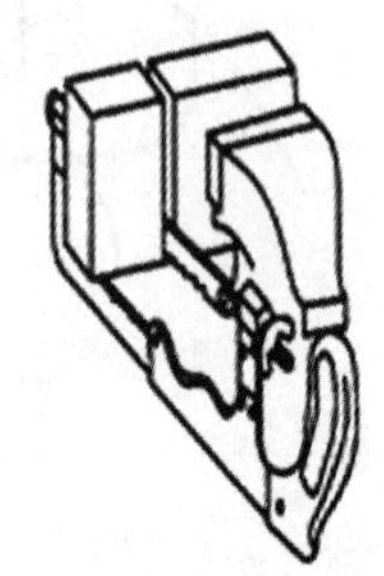

图3-1-16　深缝的锯削方法

任务评价

完成本任务后，根据表3-1-2中的要求进行评价。

表3-1-2 锯削任务评价表

评价内容	评价标准	分值	学生自评	教师评价
工件夹持正确	达到要求	10分		
尺寸65 mm 尺寸(5±0.25)	达到要求	30分		
直线度0.25 mm	达到要求	15分		
锯削姿势正确、自然	达到要求	5分		
锯削断面纹路整齐	达到要求	10分		
锯条使用	正确使用	5分		
工具、量具摆放正确、排列整齐，场地干净整洁	达到要求	5分		
安全文明生产	没有违反安全操作规程	10分		
情感评价	按要求做	10分		
学习体会				

一、填空题(每题10分，共50分)

1.锯条的粗细是用__________来表示，锯削软材料，应选用__________锯条。

2.锯条安装时，锯齿方向朝__________，锯条松紧要__________。

3.锯削速度一般以每分钟__________次为宜。

4.锯割到材料快断时，用力要__________，以防碰上手臂或折断__________。

5.为了防止锯条发热、磨损，锯削钢件时可在锯条上加__________，锯削铸铁件时在锯条上加__________。

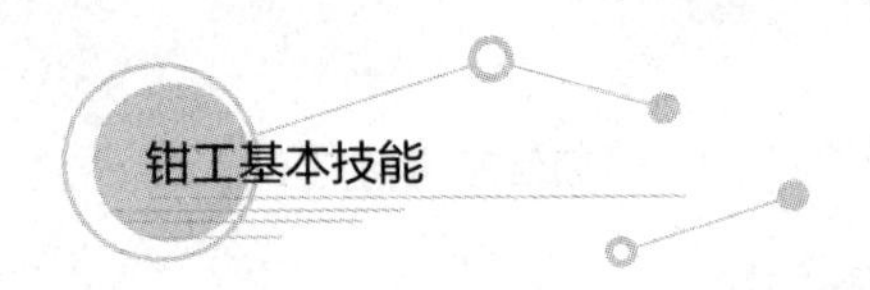

二、判断题(每题10分,共50分)

1.工件安装时,工件伸出钳口尽量短。 ( )

2.锯削时速度越快,锯削效率越高。 ( )

3.锯削薄壁管子或薄板要用细齿锯条。 ( )

4.锯削过程中,锯齿磨损太快,是由于没在锯条上加冷却液。 ( )

5.锯条容易折断,是因为锯条安装太紧或太松。 ( )

项目四 錾削工件

生活中或电视里经常能看到石狮子等雕塑之类的物体，它们都是工匠用锤子、錾子之类的工具加工出来的。在钳工加工中，利用手锤敲击錾子对金属材料进行切削加工，把金属坯料上多余的金属层去掉，得到一定形状和尺寸工件的方法称为錾削。

錾削加工主要用于机械加工不便于加工的地方，可以用它来去除毛坯或铸、锻件上的飞边、毛刺、浇冒口、凸台、切割板料条料、开槽及对金属零件粗加工等，是钳工的一项基本操作技能。本项目主要学习錾削技能，錾削如下图所示工件。

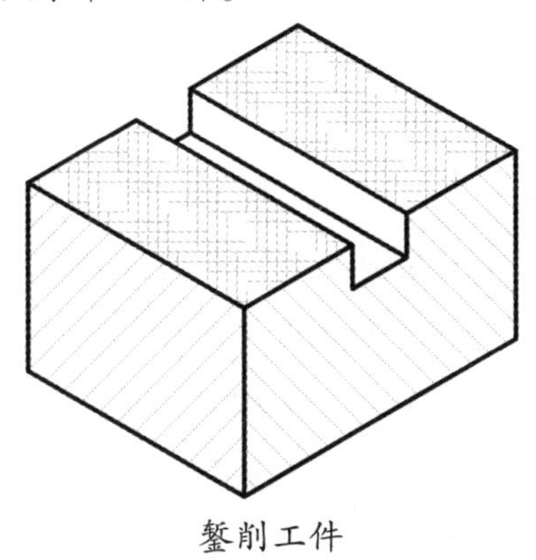

錾削工件

目标类型	目标要求
知识目标	(1)认识錾削工具用途和錾子的几何角度 (2)认识錾子的刃磨与热处理方法 (3)掌握錾削操作要领 (4)掌握平面、直槽的錾削方法
技能目标	(1)能描述錾削操作要领 (2)会錾削平面和直槽 (3)能完成錾削平面、直槽工作任务
情感目标	(1)养成工具、量具摆放整齐，用完及时归还的良好习惯 (2)养成完成工作任务后，及时打扫场地卫生的习惯 (3)严格遵守錾削操作安全规程，预防安全事故发生

任务 錾削弯曲模具的凹模工件

任务目标

(1)能认识錾削工具种类及用途。

(2)能使用錾削工具进行工件的錾削操作。

(3)能掌握錾削操作要领。

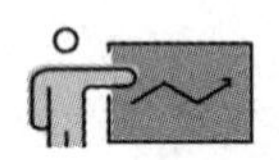

任务分析

本任务主要要求同学们掌握錾削工具的种类、用途,能正确装夹工件;掌握錾削的挥锤方法、錾子和锤子的握法以及正确的錾削姿势;能正确錾削平面、直槽,达到工件要求的形状和尺寸,并完成如图4-1-1所示的六面体的A面及通槽錾削工作。

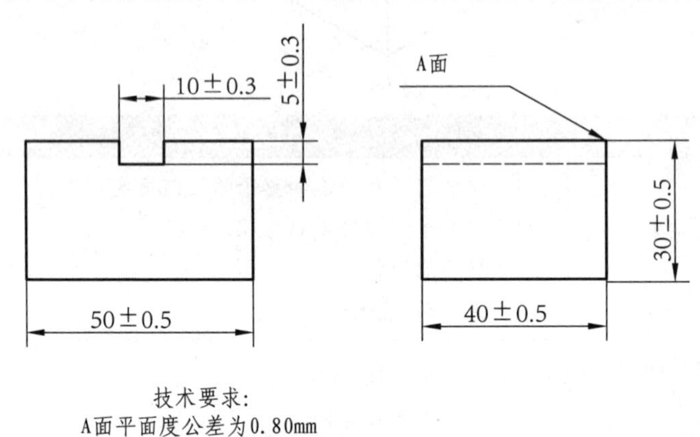

图4-1-1　錾削工件图

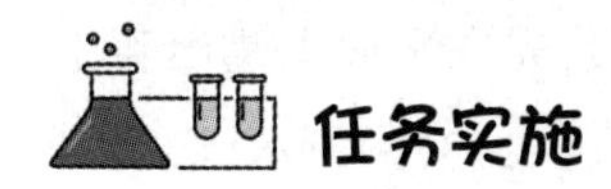

一、工具、量具的准备

錾削六面体任务的工具、量具清单见表4-1-1。

表4-1-1 工具、量具清单

序号	名称	规格	数量
1	划线平板		1块/人
2	划针		1把/人
3	样冲		1只/人
4	锤子	0.5 kg	1把/人
5	钢直尺	150 mm	1把/人
6	扁錾		1把/人
7	窄錾		1把/人
8	防护眼镜		1副/人
9	工件坯料(铸铁)	50 mm×40 mm×32 mm	1块/人

二、任务实施步骤

(1)检测工具、量具:锤子锤柄是否装夹牢固,木柄上不能沾油,防止锤头飞出伤人。錾子柄部是否有毛刺,避免划伤手。

(2)利用划线平板、划针、钢直尺等划线工具,按图纸要求,将工件毛坯进行划线,并打好样冲眼(四个表面都要划线、打样冲眼)。如图4-1-2所示。

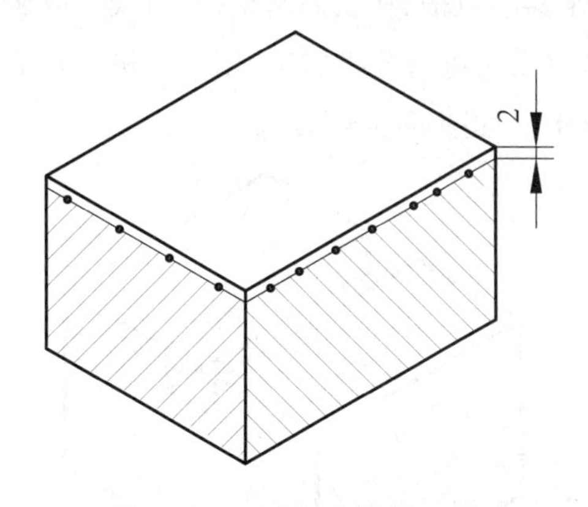

图4-1-2 划线的錾削工件

(3)工件夹持:将工件夹持在台虎钳上。需要注意的是,必须将工件夹持牢固,防止工件掉落砸伤脚。

(4)完成工件较大的一个平面的錾削(注意戴上防护眼镜):先在平面上錾出若干条平行槽,如图4-1-3(a)所示;再用扁錾将剩余部分錾去,如图4-1-3(b)所示;最后修整平面,达到平面度和尺寸的要求。

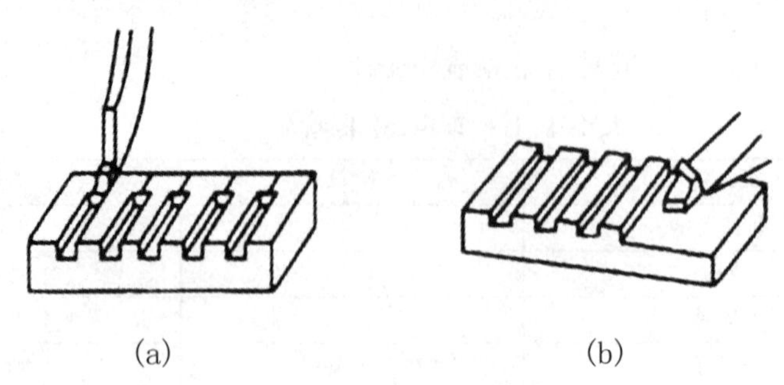

(a)　　(b)

图4-1-3　平面錾削

(5)在錾出的工件上,按图纸尺寸,划出直槽线,并打样冲眼。如图4-1-4所示。

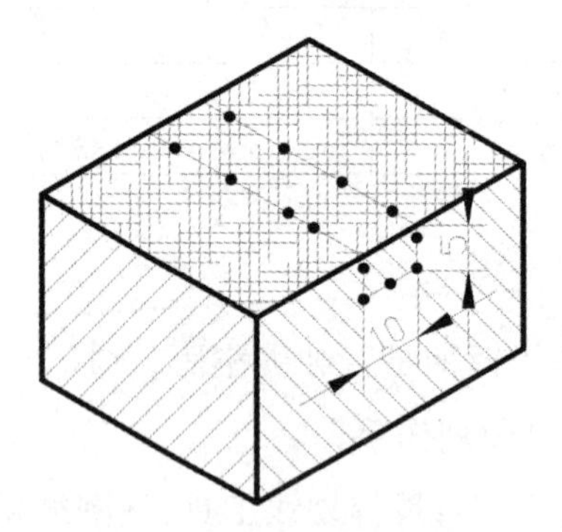

图4-1-4　划直槽线工件

(6)依据所划的线条錾削直槽,从正面起錾,先沿线条以0.5 mm的錾削量錾削,然后再按直槽深5 mm、宽10 mm进行分批錾削,留余量进行最后一遍修整,使直槽达到相应的平面度和尺寸要求。如图4-1-5所示。

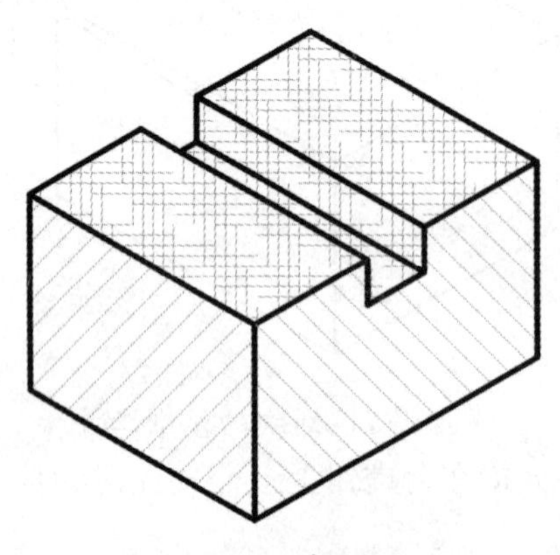

图4-1-5　錾削工件

(7)检测工件所有尺寸,保证达到图纸要求。

(8)将工件打上编号,上交老师处。

(9)清点、归还工具、量具,打扫工作场地卫生。

上面已介绍了錾削工具的使用,錾削时如何保证质量,下面来做一做,看谁做得又好又快。錾削大平面A和“十”字形直槽。如图4-1-6、图4-1-7所示。

每位同学用一件50 mm×40 mm×32 mm工件坯料,按图样加工出零件,先自己评价,然后请其他同学评价,最后教师评价。

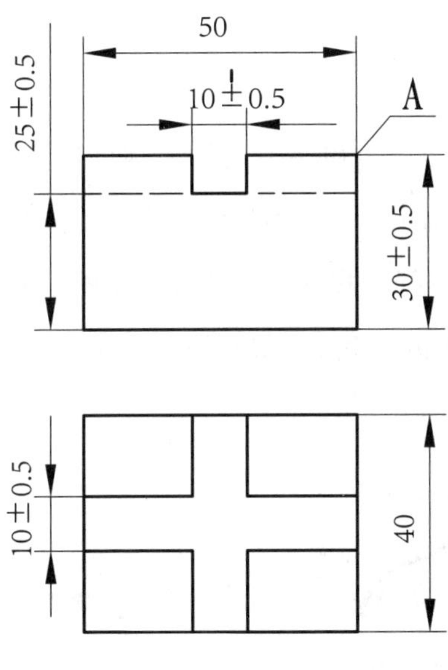

图4-1-6 “十”字形直槽工件

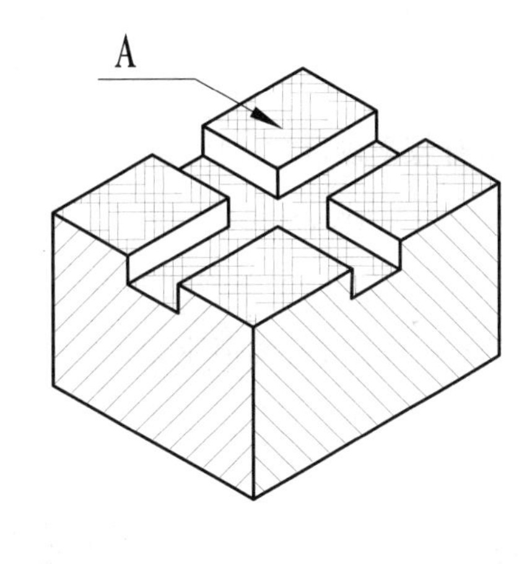

图4-1-7 “十”字形直槽工件轴测图

相关知识

一、錾削工具

1.錾子

錾子是錾削加工的刀具,由碳素工具钢(T7或T8)锻打成形后再进行热处理和刃磨而成。錾子由切削部分、斜面、柄部和头部四部分组成,其长度约170 mm,直径18～24 mm;头部一般制成锥形,以便锤击能通过錾子轴心;柄部一般制成六边形,以便操作者定向握持。

钳工常用的錾子有3种，即扁錾、窄錾、油槽錾，如图4–1–8所示。其中，扁錾的切削部分扁平，用于錾削大平面、薄板料、清理毛刺等；窄錾的切削刃较窄，用于錾槽和分割曲面板料；油槽錾的刀刃很短，并呈圆弧状，用于錾削轴瓦和机床平面上的油槽等。

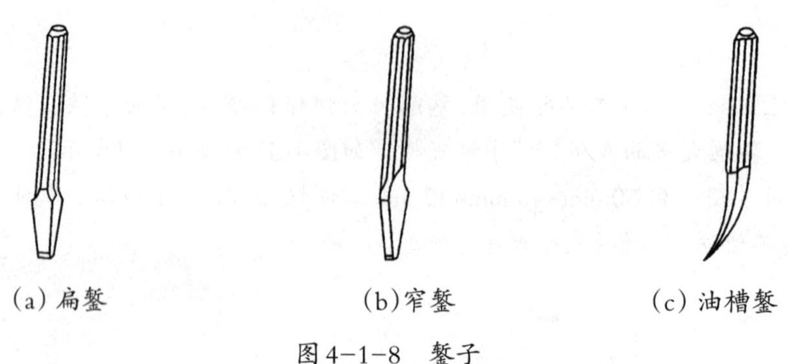

（a）扁錾　　（b）窄錾　　（c）油槽錾

图4–1–8　錾子

錾子的切削部分包括两个表面（前刀面和后刀面）和一条切削刃（锋口）。切削部分要求有较高硬度（大于工件材料的硬度），且前刀面和后刀面之间形成一定楔角。楔角β_0大小应根据材料的硬度及切削量大小来选择。楔角大，切削部分强度大，但切削阻力大。在保证足够强度的条件下，尽量取小的楔角，一般取楔角β_0=60°。錾子切削时的角度如图4–1–9所示。

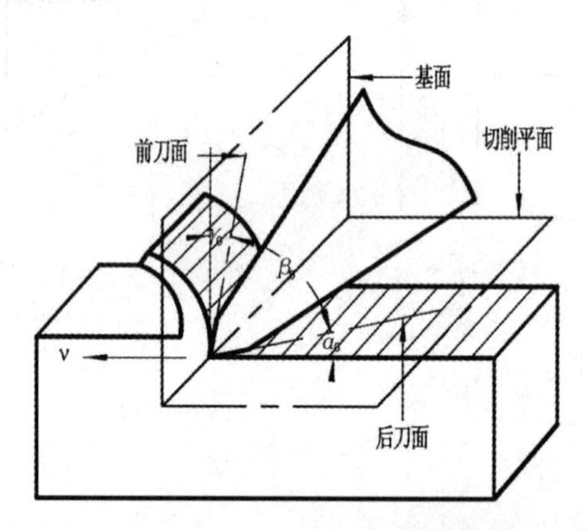

图4–1–9　錾子的切削角度

2. 锤子

锤子又叫手锤，是錾削加工所用的敲击工具，也是装配、维修设备等常用的主要工具。锤子由锤头、木柄等组成，根据用途不同，锤子有软、硬之分。锤子的常见形状如图4-1-10所示。

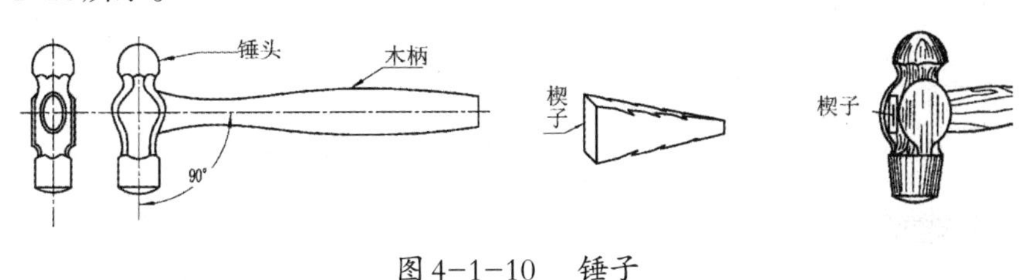

图 4-1-10 锤子

二、錾子的刃磨与热处理

1. 錾子的刃磨

錾子切削刃的好坏，直接影响錾削质量和效率。因此，在錾削过程中，若錾子刃口有磨损或损坏，要及时修磨。

錾子刃磨的方法是：将錾子刃面置于旋转着的砂轮轮缘上，略高于砂轮的中心，且在砂轮的宽度方向左右移动。刃磨时掌握錾子的方向和位置，以保证所磨的楔角符合要求。前、后两面交替磨，以求对称。刃磨时，加在錾子上的压力不应太大，以免刃部因过热而退火；必要时，可将錾子浸入冷水中冷却。

2. 錾子的热处理

錾子切削部分经锻造后，为了保证錾子的硬度和韧性，需要进行适当的热处理。热处理包括淬火、回火两个过程。

具体热处理方法是：将錾子切削部分进行粗磨后，把约20 mm长的切削部分加热到呈暗樱红色（750～780 ℃）后迅速浸入冷水中冷却。浸入深度为5～6 mm，如图4-1-11所示；为了加速冷却，可手持錾子在水面慢慢移动，使淬火部分与不淬火部分的界限不明显。当錾子露出水面部分颜色变成黑色时，即从水中取出，迅速将刃口在砂布上擦几下，去掉表面氧化皮或污物，利用上部余热进行回火。这时要注意观察刃口面颜色随温度变化的情况：从水中取出，颜色由灰白变黄色，再由黄色变红色、紫色、蓝色；当呈现黄色时，把錾子全部浸入水中冷却，这种回火称为“黄火”；当呈现蓝色时，把錾子全部浸入水中冷却，这种回火称为“蓝火”。“黄火”的硬度比“蓝火”高，耐磨，但较脆，容易断裂；“蓝火”硬度比较适宜，故采用较多。

图 4-1-11　錾子的热处理

三、錾削操作要领

1. 錾子的握法

錾子正确的握法是錾削出好质量工件的前提。錾子有正握法、反握法和立握法三种，如图4-1-12所示。

用手握錾子时，錾子用左手的中指、无名指和小指握持，大拇指与食指自然合拢，让錾子的头部伸出约20 mm。錾削时，小臂要自然平放，并使錾子保持正确的后角。

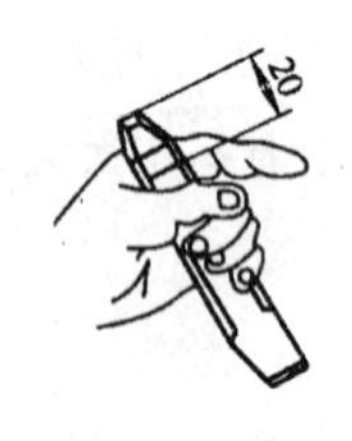

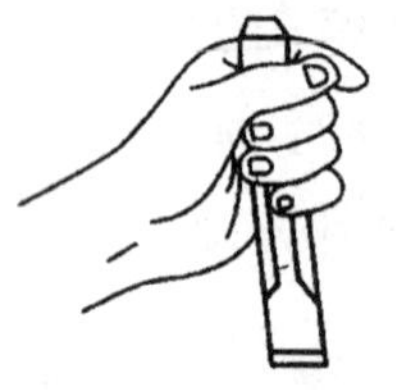

(a)正握法

(b)反握法

(c)立握法

图 4-1-12　錾子的握法

2. 锤子的握法

锤子的握法分紧握法和松握法两种，如图4-1-13所示。

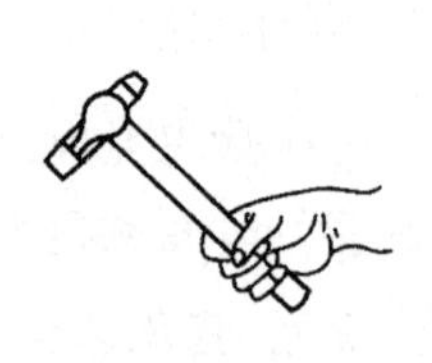

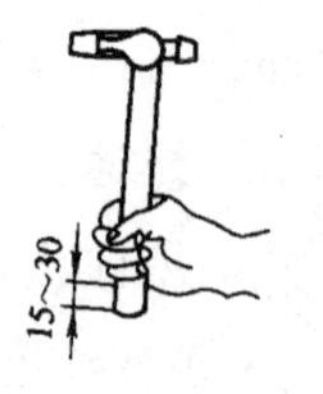

(a)紧握法

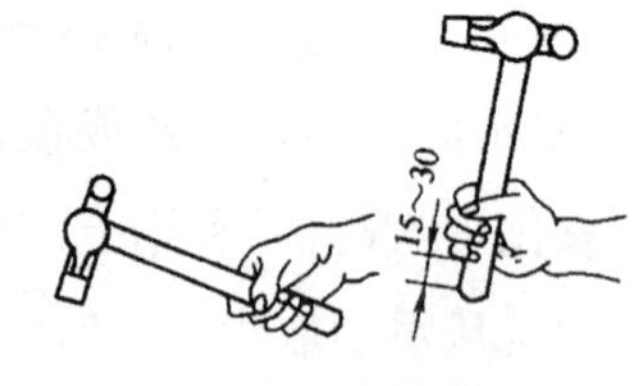

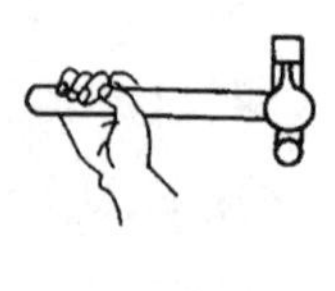

(b)松握法

图 4-1-13　锤子的握法

3. 挥锤的方法

挥锤方法分手挥(腕挥)、肘挥和臂挥三种，如图4-1-14所示。挥锤时要有节奏，挥锤速度一般约每分钟40次，锤子敲下去时应加速，这样可以增加锤击的力量。

(a)手挥锤法

(b)肘挥锤法

(c)臂挥锤法

图4-1-14 挥锤的方法

4. 錾削姿势

錾削时，两脚互成一定角度，左脚跨前半步，右脚稍微朝后，身体自然站立，重心偏于右脚，如图4-1-15所示。右脚要站稳，右腿要伸直，左腿膝盖关节应稍微自然弯曲。眼睛注视錾削处。左手握錾使其在工件上保持正确的角度。右手挥锤，使锤头沿弧线运动，进行敲击，如图4-1-16所示。

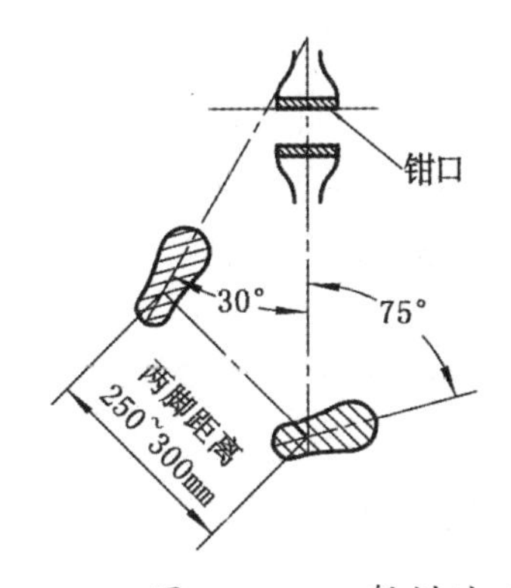

图4-1-15 錾削时双脚的位置

图4-1-16 錾削姿势

5. 挥锤要领和锤击要领

挥锤要做到：肘收臂提，举锤过肩，手腕后弓，三指微松，锤面朝天，稍停瞬间。

锤击要做到：稳——节奏平稳、准——命中率高、狠——锤击有力。动作要求节奏保持在每分钟40次左右。

四、錾削方法

1. 平面錾削方法

(1)起錾。

錾削平面时，主要采用扁錾。开始錾削时，应从工件侧面的尖角处轻轻起錾。起錾后，再把錾子逐渐移向中间，使切削刃的全宽参与切削，如图4-1-17所示。

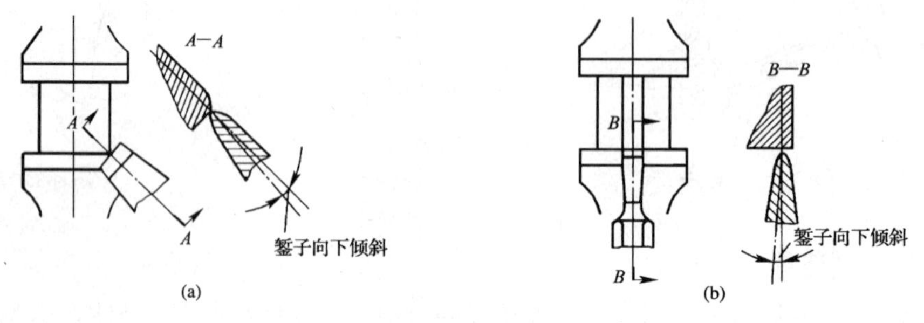

图4-1-17　起錾

錾削较宽平面时，应先用窄錾在工件上錾出若干条平行槽，再用扁錾将剩余部分錾去。錾削较窄平面时，应使切削刃与錾削方向倾斜一定角度。錾削余量一般为每次0.5～2 mm。

(2)尽头錾削。

当錾削快到工件尽头时，要防止工件边缘材料的崩裂，尤其是錾铸铁等脆性材料时更要注意。在錾削接近尽头10～15 mm时，必须掉头沿相反方向錾去余下部分，否则容易使工件的边缘崩裂。

2. 直槽錾削方法

直槽錾削的方法是：先按槽宽划出錾削界线，然后选用合适的扁錾或尖錾进行錾削。起錾时刃口要摆平，且刃口的一侧需与槽位线对齐，同时，起錾后的斜面口尺寸应与槽形尺寸一致。操作时，注意控制每次的錾削量并保持槽侧的直线度，如图4-1-18所示。

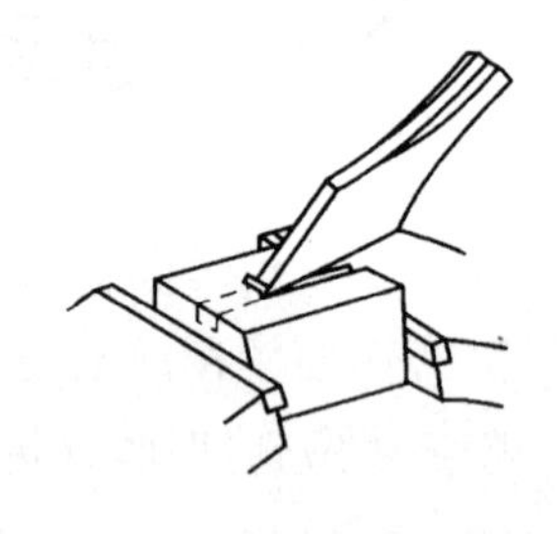

图4-1-18　錾削直槽

五、油槽和板料的錾削方法

1.油槽

油槽一般起存储和输送润滑油的作用，钳工中可以用油槽錾进行錾削，要求油槽必须光滑且深浅均匀。因此，錾油槽前，首先要根据油槽的断面形状，对油槽錾的切削部分进行准确刃磨，再在工件表面准确划线，最后一次錾削成形；也可以先錾出浅痕，再一次錾削成形，如图4-1-19所示。

图4-1-19 油槽錾削

平面上的油槽錾削和平面錾削方法基本一致，如图4-1-19(a)所示。曲面上錾油槽时，錾削的方向应随工件的曲面及油槽的圆弧而变动，使錾子的后角保持一致如图4-1-19(b)所示。这样才能錾出光滑、美观和深浅一致的油槽。油槽錾好后，上面有毛刺，可用刮刀或细锉刀修整。

2.板料

(1)在台虎钳上錾削板料的方法。

不大的板料，可将板料夹持在台虎钳上，并使工件的錾削线和钳口平齐，应用扁錾沿钳口并斜对板料面(30°～45°)自右向左錾削，如图4-1-20所示。注意，錾子不能正对板料錾削，这样会使板料出现裂缝。

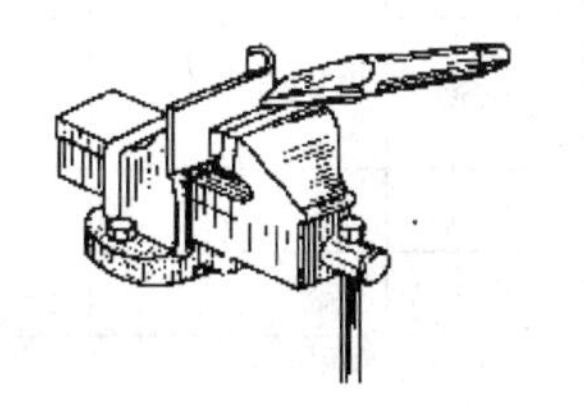
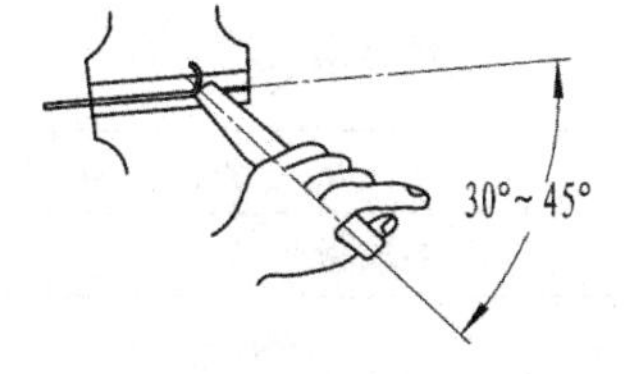

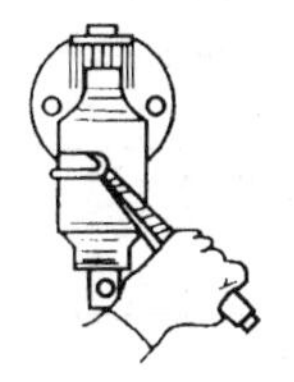

图4-1-20 台虎钳上錾削板料

(2)在铁砧上錾削板料的方法。

较大尺寸的板料,可放在铁砧或平板上錾削。此时錾子应垂直于工件表面,如图4-1-21所示。板料下面应垫上废旧的软铁材料,避免碰伤錾子的切削刃。

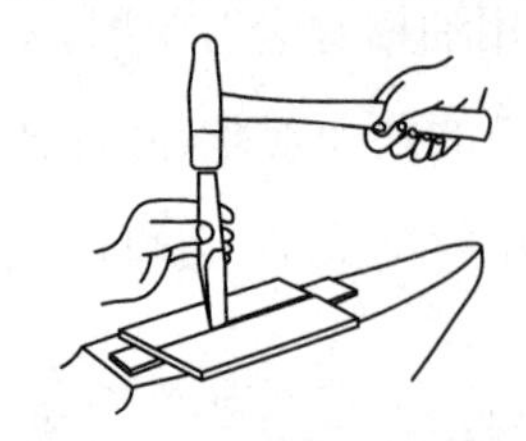

图4-1-21 铁砧上錾削板料

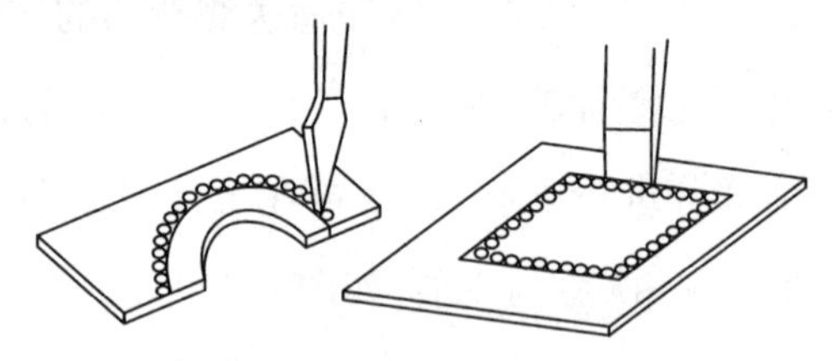

图4-1-22 密集排孔錾削板料

(3)密集排孔配合錾削。

在薄板上錾削比较复杂零件毛坯时,可以先按零件轮廓线(距錾削线0.5 mm)处用$\phi3\sim\phi5$ mm钻头以3~5 mm的间距钻出密集的小孔,然后再配合用錾子逐步錾削成形,如图4-1-22所示。

任务评价

錾削凹模工件任务评价,见表4-1-2。

表4-1-2 錾削任务评价表

评价内容	评价标准	分值	学生自评	教师评估
工件夹持正确	达到要求	5分		
尺寸精度	达到要求	20分		
平面度	达到要求	20分		
站立位置和身体姿势正确、自然	达到要求	10分		
握錾正确、自然	达到要求	5分		
錾削角度大小合适、稳定	操作姿势、动作正确	5分		
握锤与挥锤正确、速度适当,锤击准确、有力	操作姿势、动作正确	10分		
工具、量具摆放正确、排列整齐,场地干净整洁	达到要求	5分		
安全文明生产	没有违反安全操作规程	10分		
情感评价	按要求做	10分		
学习体会				

一、填空题(每题10分,共50分)

1.錾削平面用________錾,錾削油槽用________。

2.錾子的握法有________、________和________三种。

3.挥锤方法有________、________和________三种。

4.錾削平面时,起錾要从工件________处,将錾子向________倾斜,轻敲錾子就容易錾入工件。

5.当錾削到工件尽头时,为了防止工件边缘材料崩裂,要在接近尽头________时,必须________錾去余下部分。

二、判断题(每题10分,共50分)

1.錾子热处理时,加热到颜色呈暗红色后取出浸入冷水冷却。 ( )

2.锤子的木柄上不能沾油。 ( )

3.錾削大的平面要用扁錾。 ( )

4.錾削时,两脚互成一定角度,左脚跨前半步,右脚稍微朝后,身体自然站立,重心偏于左脚上。 ( )

5.锤击要做到:稳——节奏平稳、准——命中率高、狠——锤击有力。 ( )

项目五 锉削工件表面

锉削是指用锉刀对工件表面进行切削加工,使工件达到所要求的尺寸、形状和表面粗糙度的加工方法。锉削应用广泛,适用于加工内外平面、内外曲面、内外角、沟槽及各种复杂形状的表面。

锉削是钳工的三大基本技能之一,是钳工的核心技能。锉削技能掌握的好坏直接决定了钳工技能水平的高低。本项目主要学习锉削的技能,如下图所示。

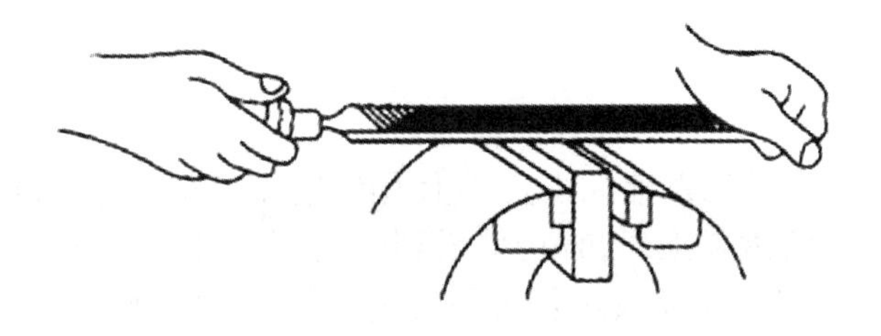

锉削工件

目标类型	目标要求
知识目标	(1)知道锉削的安全操作规程 (2)知道锉削基本理论知识要点 (3)能识别各种锉削工具
技能目标	(1)能熟练掌握锉削的基本动作要领 (2)能熟练掌握锉削基本操作技能,并达到中级钳工的技能水平 (3)能正确地使用锉削工具
情感目标	(1)能养成自主学习的习惯 (2)能与他人沟通交流 (3)能意识到规范操作和安全操作的重要性 (4)能参与团队合作完成工作任务

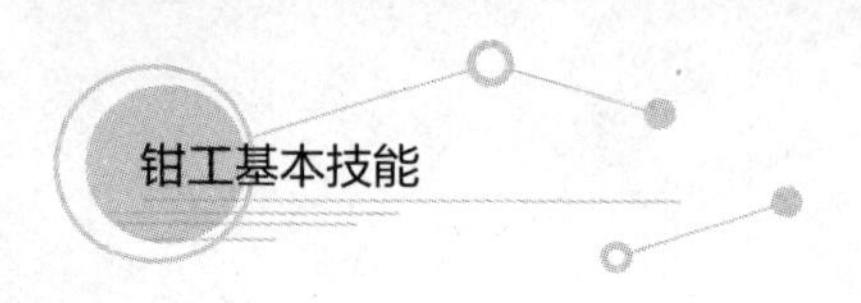

任务一　锉削落料凸模固定板

任务目标

(1)能识别锉削工具。
(2)会使用锉削工具。
(3)能正确地进行平面锉削操作。
(4)能熟练掌握锉削的基本理论知识要点。

任务分析

本任务的主要内容是识别锉削工具,会使用锉削工具正确地锉削工件平面。锉削是一项技能要求较高的钳工工作,直接关系到产品的质量,操作过程中稍微不注意就会造成加工工件的报废。要完成本任务需要的工具(锉刀)形状和种类较多,一定要根据所加工工件的表面形状及其位置正确地选择锉刀以及锉削操作手法,本任务需要的辅助工具(外径千分尺、刀口形直尺等)的相关知识也必须掌握。完成所给图形的长方体外形锉削加工,达到精度要求。零件坯料尺寸为90 mm×80 mm×12 mm,将其加工至如图5-1-1所示的尺寸要求。

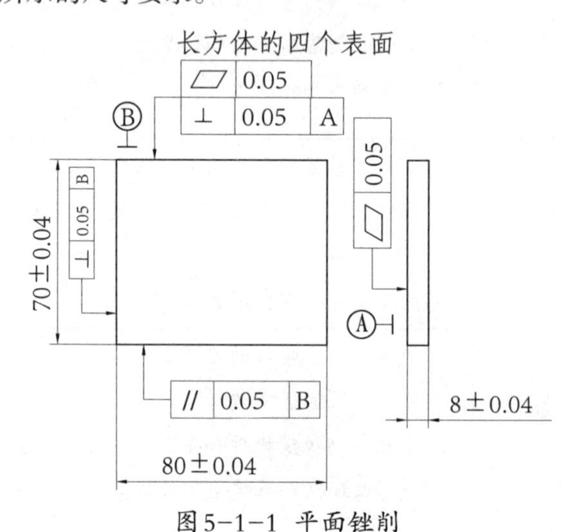

图5-1-1　平面锉削

技术要求:
1.表面粗糙度Ra:1.6~3.2 μm;
2.锐边倒棱。

任务实施

一、工具、量具的准备

锉削的工具、量具准备清单见表5-1-1。

表5-1-1 工具、量具清单

序号	名称	规格	数量
1	高度游标卡尺	0～300 mm	1把/组
2	游标卡尺	0～150 mm	1把/组
3	宽座角尺	100 mm×63 mm	1把/组
4	划线平板		1块/组
5	划针		1把/组
6	划规		1把/组
7	样冲		1套/组
8	锤子		1把/组
9	挡块(“V”形铁)		1块/组
10	大锉刀		1把/人
11	中锉刀		1把/人
12	整形锉刀		1套/人
13	方锉刀		1把/人
14	三角锉刀		1把/人
15	千分尺		1把/人
16	抛光纱布		1张/人

二、锉削的工艺步骤

锉削如图5-1-1所示的零件加工工艺步骤如下：

1. 锉大平面

利用前面锯削课题的练习件制作毛坯90 mm×80 mm×12 mm，要求用规格为300 mm的粗齿锉刀配合规格为150 mm的细齿锉刀加工，以练习技能为主，如图5-1-2所示，先粗、精加工出大平面，达到平面度和粗糙度的要求。

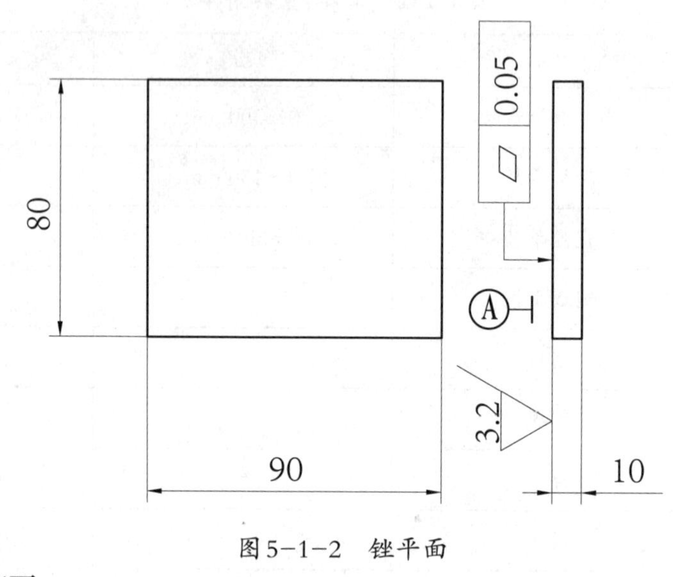

图5-1-2　锉平面

2. 锉对应面

达到尺寸8 mm和表面粗糙度要求。

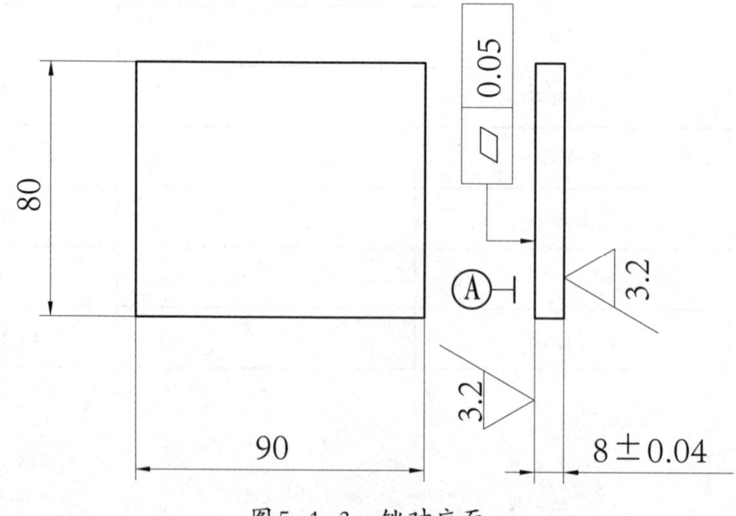

图5-1-3　锉对应面

3. 锉第二基准面B面

保证平面度及与大平面A的垂直度。注意用刀口形直尺仔细检查,如图5-1-4所示。

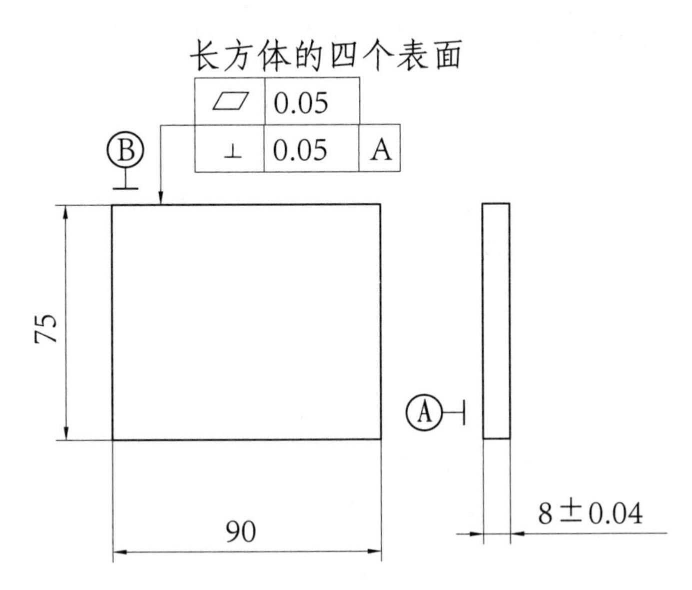

图5-1-4 锉第二基准面B面

4. 锉垂直面

锉垂直于基准面(B面)的垂直面,达到平面度、垂直度、表面粗糙度的要求,如图5-1-5所示。

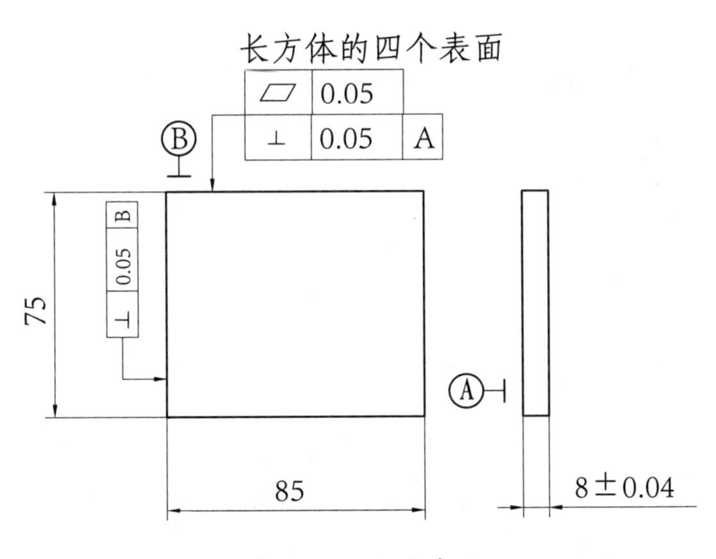

图5-1-5 锉垂直面

5. 锉平行面

先按图样5-1-1尺寸划线：长80 mm，宽70 mm，如图5-1-6所示。按划线位置对其中的一面进行锉削，如果条件允许先锯削，再锉削，留余量0.15 mm，然后精锉达到尺寸、平行度、垂直度、表面粗糙度的要求，如图5-1-7所示。注意一边锉削一边检查，两个动作交替进行，以保证达到要求。同理完成另一平行面锉削。

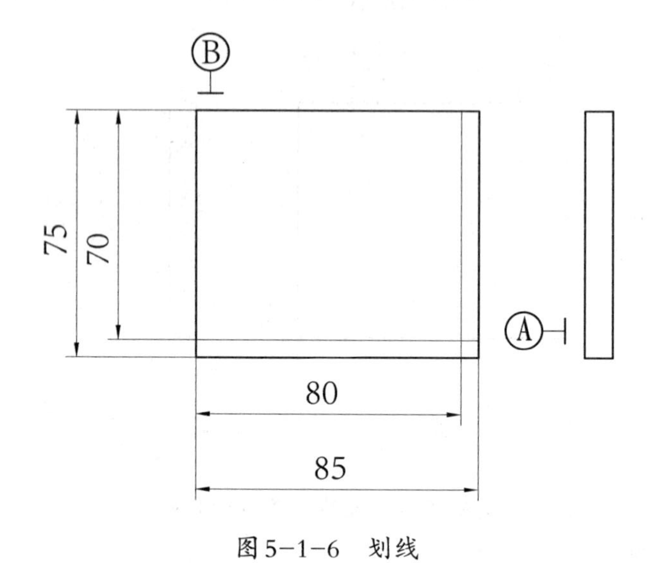

图5-1-6　划线

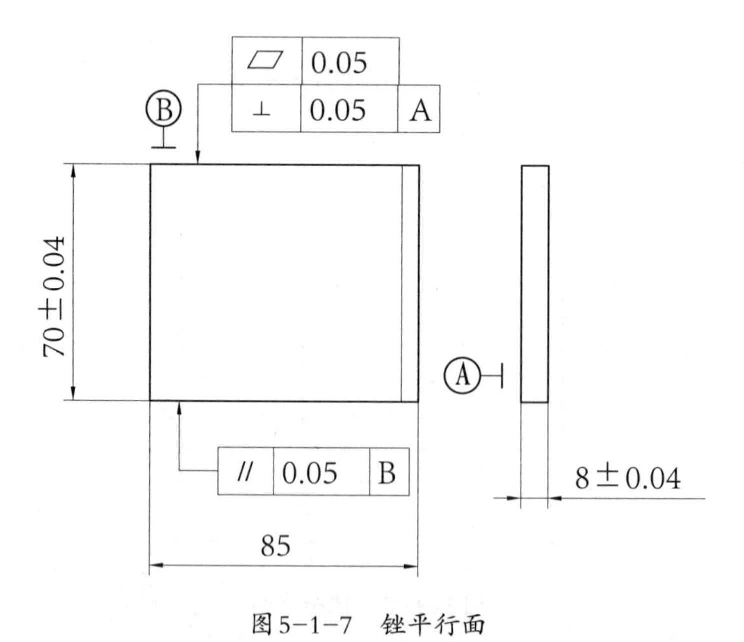

图5-1-7　锉平行面

6. 检查、交工件、整理钳台

工件锐边倒棱，去毛刺，以免伤手或造成检查误差。按如图5-1-1所示要求，检查后上交工件，整理钳台，做清洁，归还工具和量具。

上面已介绍了锉削工具的使用，锉削时如何保证质量，下面来做一做，看谁做得又好又快。

每位同学用一块80 mm × 35 mm × 12 mm的薄钢板，按图样划出图形，并锉削达到要求，如图5-1-8所示。先自己评价，然后请其他同学评价，最后教师评价。

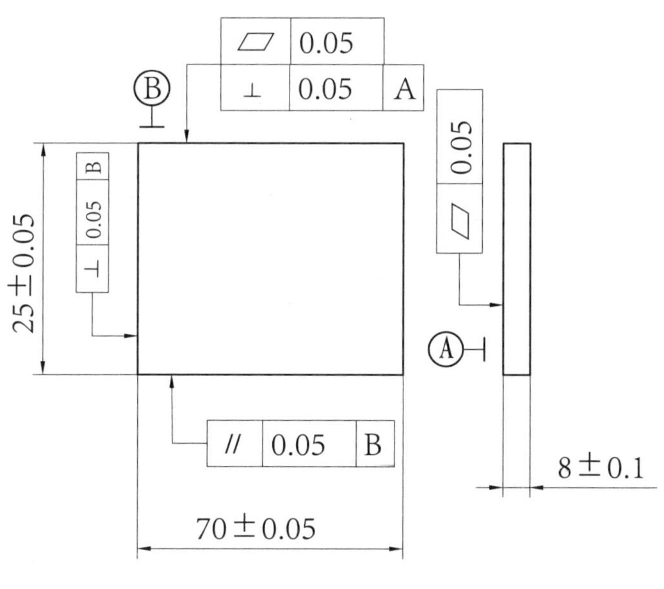

图5-1-8 长方体工件

一、锉削的应用范围

锉削适用于内、外平面，内、外曲面，内、外角，沟槽及形状复杂的表面。例如：对装配过程中的个别零件进行最后修整；在维修工作中或在小批量生产条件下，对一些形状较复杂的零件进行加工；制作工具或模具；手工去毛刺、倒角、倒圆等。

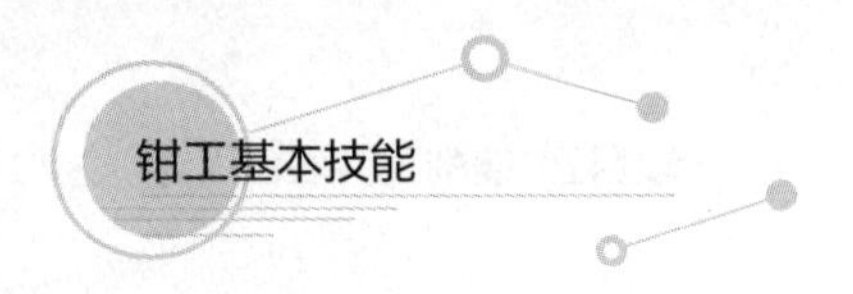

二、锉刀

1. 锉刀的构造及各部分名称

锉刀的构成如图5-1-9所示，由锉刀面、锉刀边、锉刀尾、手柄等部分组成。锉刀的大小以锉刀面的工作长度来表示。锉刀的锉齿是在剁锉上剁出来的。锉刀常用碳素工具钢T10、T12制成，并经热处理淬硬到HRC62～67。

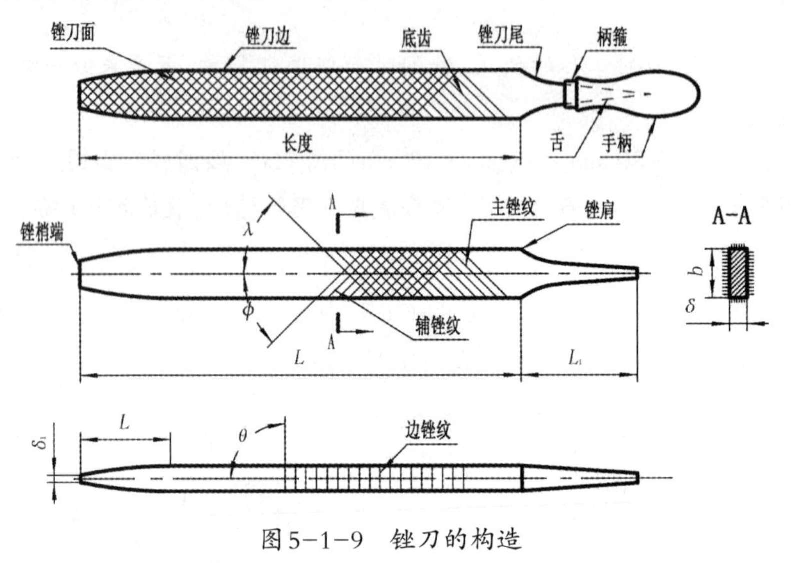

图5-1-9　锉刀的构造

2. 锉刀的类型

如图5-1-10所示，锉刀按用途不同分为普通锉刀（或称钳工锉刀）、异形锉刀和整形锉刀（或称什锦锉刀）三类，其中普通锉刀使用最多。

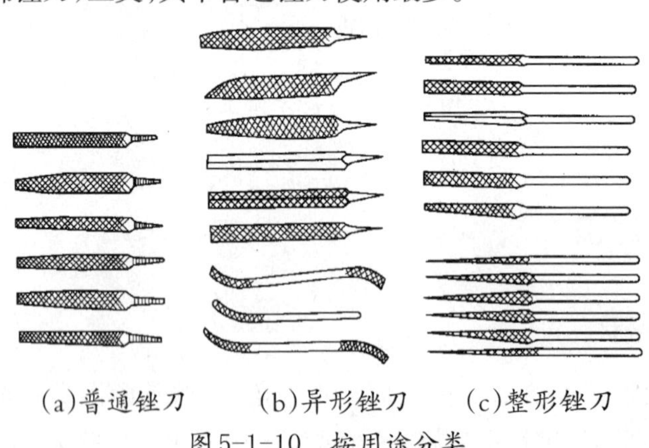

(a)普通锉刀　(b)异形锉刀　(c)整形锉刀

图5-1-10　按用途分类

如图5-1-11所示，普通锉刀按截面形状不同分为扁锉、方锉、圆锉、半圆锉和三角锉等；按其长度不同可分为100 mm、200 mm、250 mm、300 mm、350 mm和400 mm六种；按其齿纹不同可分为单齿纹、双齿纹(大多用双齿纹)两种；按其齿纹疏密程度不同可分为粗齿锉、细齿锉和油光锉三种。锉刀的粗细以每10 mm长的齿面上锉齿齿数来表示，粗齿锉的齿数为4～12齿，细齿锉的齿数为13～24齿，油光锉的齿数为30～36齿。

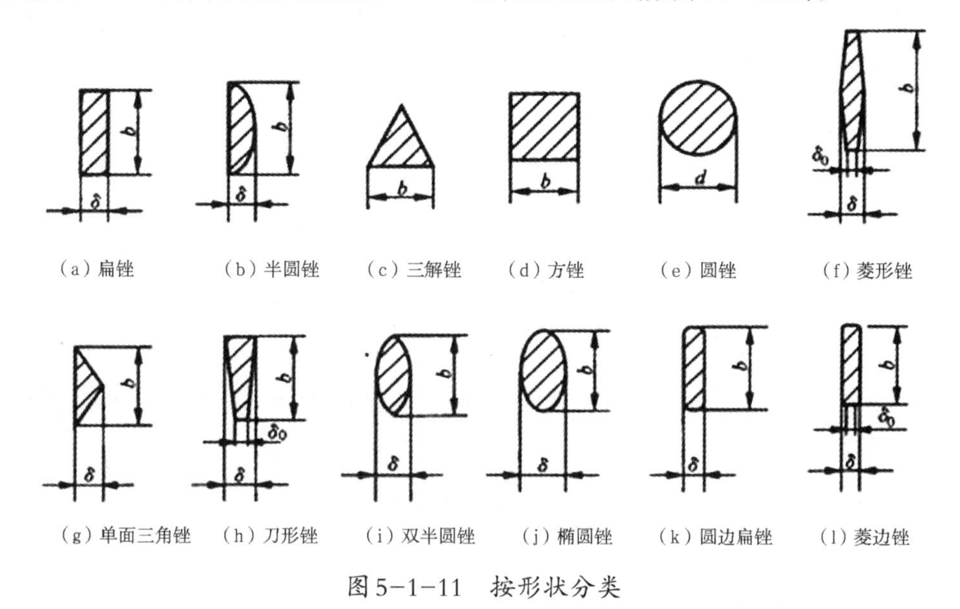

(a) 扁锉　(b) 半圆锉　(c) 三解锉　(d) 方锉　(e) 圆锉　(f) 菱形锉

(g) 单面三角锉　(h) 刀形锉　(i) 双半圆锉　(j) 椭圆锉　(k) 圆边扁锉　(l) 菱边锉

图5-1-11　按形状分类

随着社会的发展，人们需要加工各种形状的零件，不断提高生产效率。为此，一些厂家开发了各种新型的硬质合金锉刀，如图5-1-12所示。

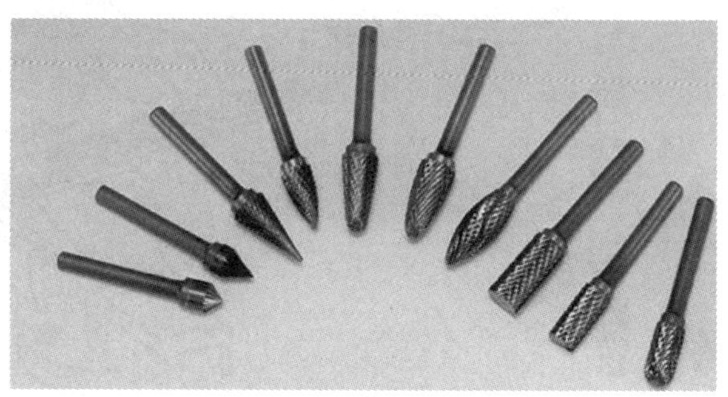

图5-1-12　硬质合转锉刀

3. 锉刀的编号

根据GB/T5809—2003规定，锉刀编号的组成顺序为：类别代号—形式代号—规格—锉纹号。

其中类别代号：Q——普通锉刀；Y——异形锉刀；Z——整形锉刀。形式代号：01——齐头扁锉；02——尖头扁锉；03——半圆锉；04——三角锉；05——方锉；06——圆锉。

4. 锉刀的合理选择与使用

正确选择锉刀对保证加工质量、提高工作效率和延长锉刀使用寿命有很大的影响。一般根据工件形状和加工面的大小选择锉刀的形状和规格，根据加工材料的塑性、加工余量、尺寸精度和表面粗糙度的要求选择锉刀的粗细。粗齿锉刀的齿距大，不易堵塞，适宜于粗加工（即加工余量大、精度等级和表面质量要求低）铜、铝等软金属的锉削；细齿锉刀适宜于钢、铸铁以及表面质量要求较高的工件的锉削；油光锉刀只用来修光已加工表面。锉刀愈细，锉出的工件表面愈光滑，但生产效率愈低。选用原则概括起来主要有以下几点：

（1）选择锉齿的粗细：根据工件的加工余量、精度、表面粗糙度和材质决定。材质软，选粗齿的锉刀；反之，选较细齿的锉刀。

（2）选择锉刀的截面形状：根据工件表面的形状选择锉刀的形状。

（3）选择单、双齿纹：一般锉削有色金属时，应选用单齿纹或粗齿锉刀；锉削钢铁时，应选用双齿纹锉刀。

（4）选择锉刀的规格：根据加工表面的大小及加工余量的大小来决定。

5. 锉刀手柄的拆装

钳工装、拆锉刀手柄的过程如图5-1-13所示。

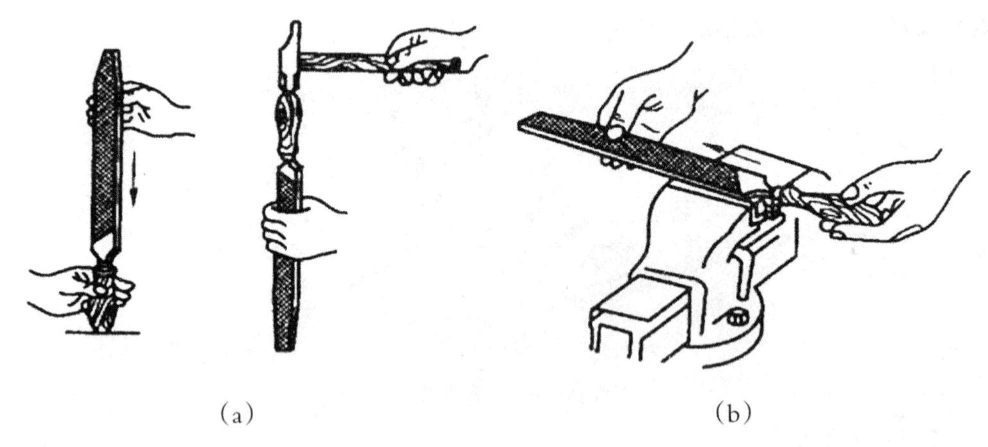

（a）　　　　（b）

图5-1-13　锉刀手柄的装、拆

6.锉刀的正确使用和保养

(1)为防止锉刀过快磨损,不要用锉刀锉削毛坯件的硬皮或工件的淬硬表面,应先用其他工具或锉削端、边齿加工。

(2)锉削时,应先用锉刀的同一面,待这个面用钝后再用另一面,因为使用过的锉齿易锈蚀。

(3)锉削时,要充分使用锉刀的有效工作面,避免局部磨损。

(4)不能用锉刀作为拆装、敲击和撬物的工具,防止因锉刀材质较脆而折断。用整形锉刀和小锉刀时,用力不能太大,防止锉刀折断。

(5)锉刀要防水、防油,因为沾水后的锉刀易生锈、沾油后的锉刀在工作时易打滑。

(6)锉削过程中,若发现锉纹上嵌有切屑,要及时将其去除,以免切屑刮伤加工面。锉刀用完后,要用钢丝刷或铜片顺着锉纹刷掉残留的切屑,以防生锈。千万不可用嘴吹切屑,以防切屑飞入眼睛。

(7)放置锉刀时,要避免与硬物相碰,避免锉刀与锉刀重叠堆放,防止损坏锉齿。

三、锉削的技能要素

1.锉刀的握法

锉刀的握法随锉刀规格和使用场合的不同而有所区别,正确握持锉刀有助于提高锉削质量。

(1)大锉刀的握法:右手心抵着锉刀木质的端头,大拇指放在锉刀的木柄的上面,其余四指弯在木柄的下面,配合大拇指捏住锉刀木柄;左手则根据锉刀的大小和用力的轻重,可有多种姿势,如图5-1-14所示。

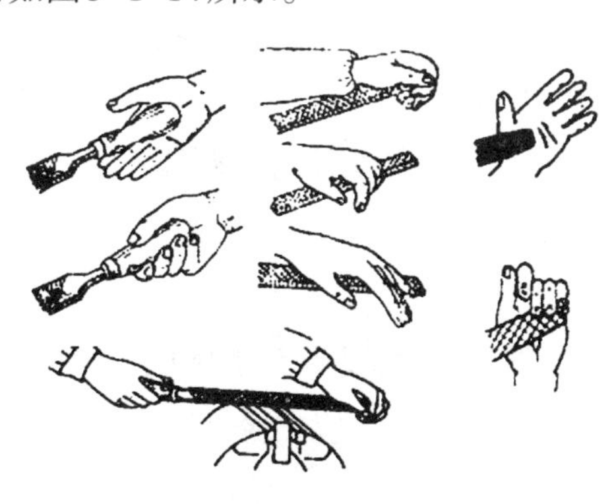

图5-1-14 大锉刀的握法

(2)中锉刀的握法:右手握法和大锉刀的握法大致相同,左手用大拇指和食指捏住锉刀的前端,如图5-1-15所示。

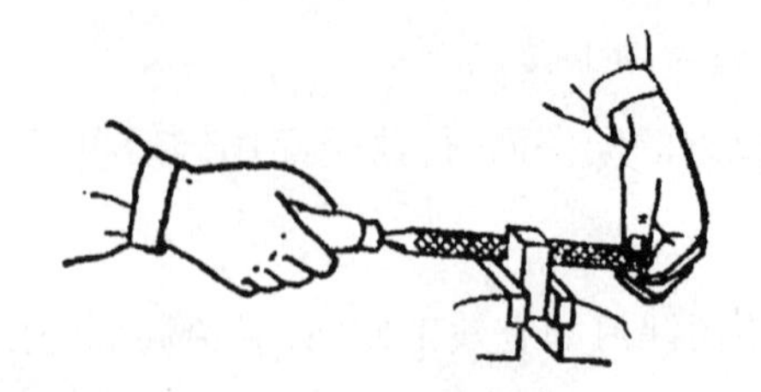

图5-1-15 中锉刀的握法

(3)小锉刀的握法:右手食指伸直,拇指放在锉刀木柄的上面,食指靠在锉刀的刀边,左手几个手指压在锉刀的中部,如图5-1-16所示。

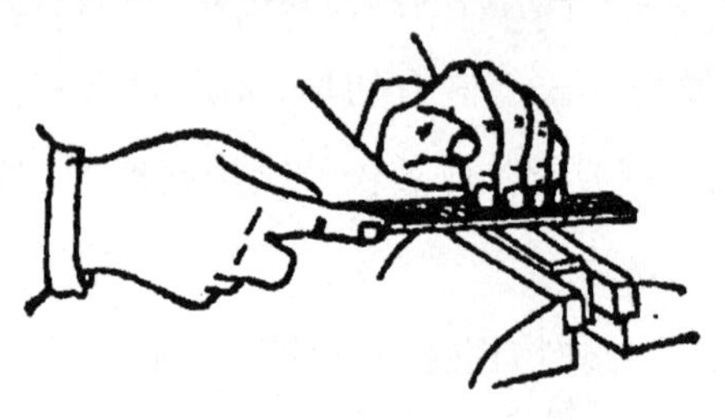

图5-1-16 小锉刀的握法

(4)整形锉刀(什锦锉刀)的握法:一般只用右手拿着锉刀,食指放在锉刀的上面,拇指放在锉刀的左侧,如图5-1-17所示。

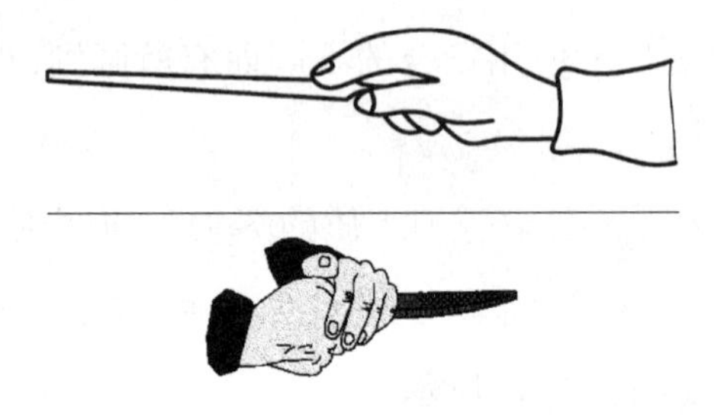

图5-1-17 整形锉刀的握法

2.工件的装夹(图5-1-18)

工件的装夹是否正确,直接影响锉削质量的好坏。工件装夹应符合下列要求:

(1)工件尽量夹持在台虎钳钳口宽度方向的中间,锉削面靠近钳口,以防止锉削时产生震动。

(2)装夹要稳固,但用力不可太大,以防工件变形。

(3)装夹已加工表面和精密工件时,应在台虎钳钳口装上紫铜皮或铝皮等软的衬垫,以防夹坏表面。

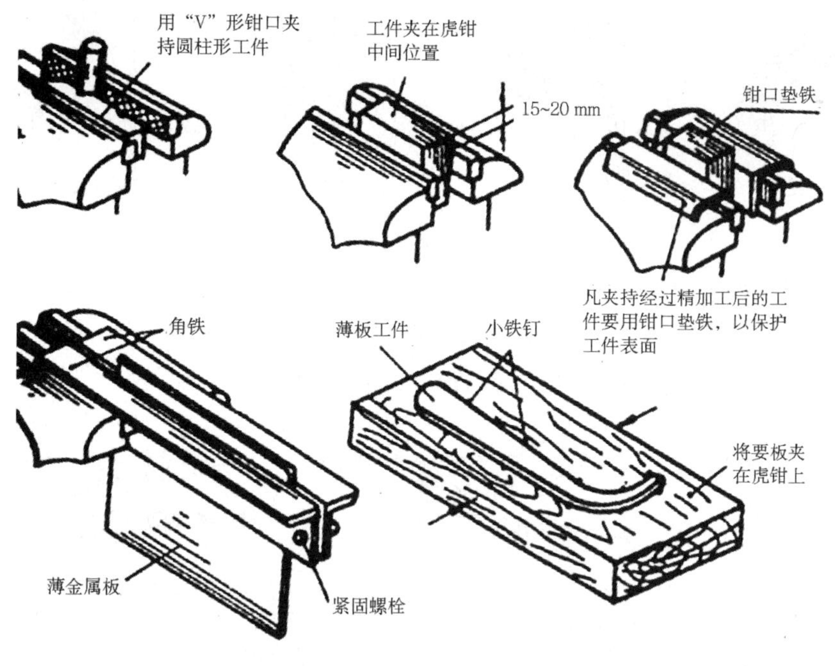

图 5-1-18 工件装夹

3. 锉削姿势

正确的锉削姿势能够减轻疲劳，提高锉削质量与效率。人的站立姿势为：两脚立正面对虎钳，与台虎钳的距离是胳膊的上下臂垂直、端平锉刀、锉刀尖部能搭放在工件上；然后迈出左脚，右脚尖到左脚跟的距离约等于锉刀长度，左脚与台虎钳中线呈约30°角，右脚落在中线上；两脚要始终站稳不动，靠左脚的屈伸做往复运动，保持锉刀的平直运动；推进锉刀时，两手锉刀上的压力要保持锉刀平稳，不要上下摆动。锉削时要有目标，不能盲目地锉，锉削过程中要勤用量具或卡板检查锉削表面。

如图5-1-19所示，开始锉削时身体向前倾斜约10°，左肘弯曲，右肘向后；锉刀推至1/3行程时身体向前约15°，使左腿稍弯曲，左肘稍直，右臂前推；锉刀推至2/3行程时，身体逐渐倾斜到18°左右，使左腿继续弯曲，左肘渐直，右臂向前推进；锉刀将至满行程时，身体随着锉刀的反推作用退回到约15°的位置；终止时，把锉刀略抬高，使身体和锉刀退回到开始时的姿势，完成一次锉削动作；如此反复继续锉削。锉削时，靠左膝的屈伸使身体做往复运动，手臂和身体的运动要相互配合，并要充分利用锉刀的有效全长。

图 5-1-19　锉削全过程

锉削时锉刀的平直运动是锉削的关键。锉削的力有水平推力和垂直压力两种。水平推力主要由右手控制，其大小必须大于锉削阻力才能锉去切屑；垂直压力是由两只手控制的，其作用是使锉齿深入金属表面，如图5-1-20所示。

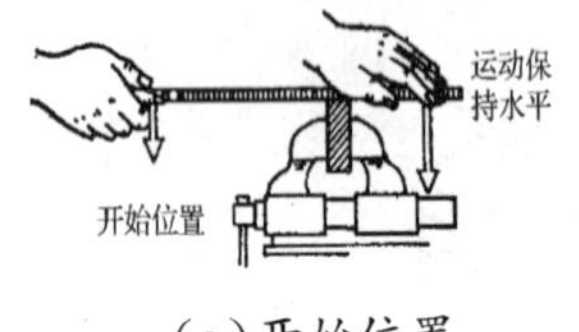

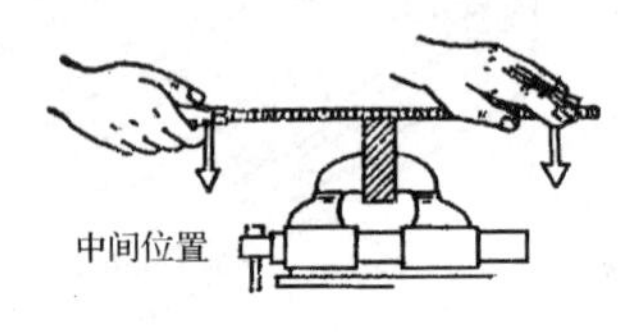

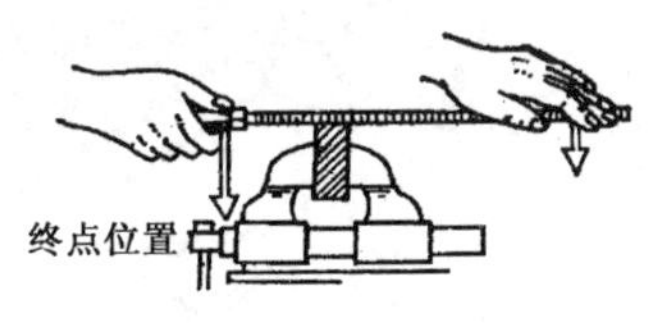

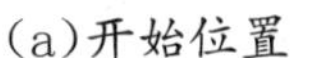
(a)开始位置　(b)中间位置　(c)终点位置

图5-1-20　锉刀施力的变化过程

由于锉刀两端伸出工件的长度随时都在变化，因此两手压力大小必须随时变化，使两手的压力对工件的力矩相等，这是保证锉刀平直运动的关键。锉刀运动不平直，工件中间就会凸起或产生鼓形面。

锉削速度一般为每分钟30～60次。太快，操作者容易疲劳，且锉齿易磨钝；太慢，则切削效率低。

锉削口诀歌：

左腿弯曲右腿蹬，身体微微向前倾。

加压推锉平又稳，身臂回锉同步行。

回程收锉莫用力，侧查锉面同修正。

锉削要领掌握好，再锉如述反复行。

四、平面的锉削

1. 平面锉削的方法

平面锉削是最基本的锉削，常用三种方式锉削，如图5-1-21所示。

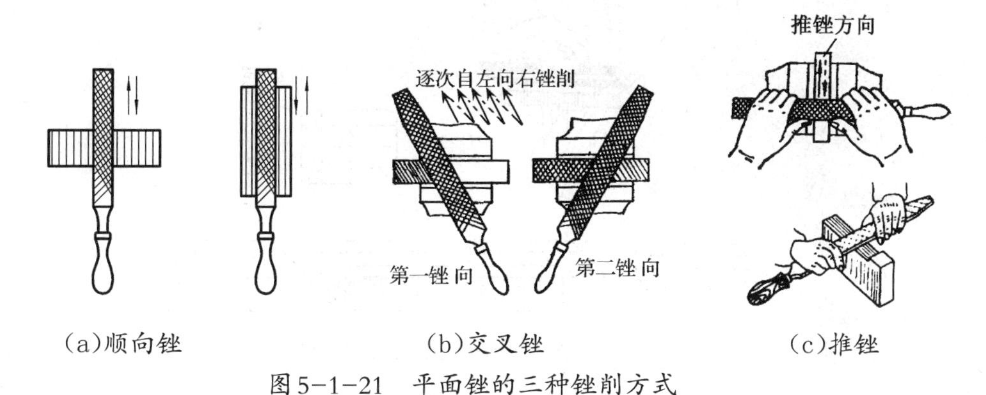

(a)顺向锉　　(b)交叉锉　　(c)推锉

图5-1-21　平面锉的三种锉削方式

(1)顺向锉法。锉刀沿着工件表面横向或纵向移动,锉削平面可得到整齐一致的锉痕,比较美观;适用于工件锉光、锉平或锉顺锉纹。

(2)交叉锉法。是以互相交叉的两个方向顺序对工件进行锉削的方法。由于锉痕是交叉的,容易判断锉削表面是否不平,因此也容易把表面锉平。交叉锉法去屑较快,适用于平面粗锉。

(3)推锉法。是两手对称地握着锉刀,用两大拇指推锉刀进行锉削的方法。这种方式适用于较窄表面而且在锉平、加工余量较小的情况下,可修正和减小表面粗糙度。

2. 锉刀在平面上移动的方法

锉削比较宽大的平面时,锉刀要逐渐平移,具体方法如图5-1-22所示。

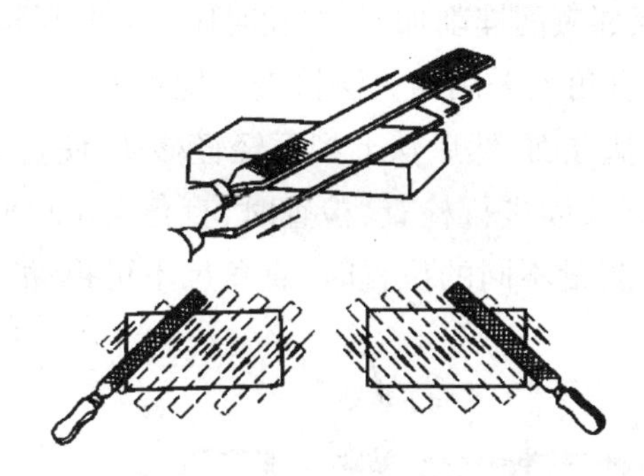

图5-1-22　锉刀的移动方法

3. 锉削平面质量的检查

检查平面的直线度和平面度:用钢尺和刀口尺以透光法来检查,要多检查几个部位,还应进行对角线检查,如图5-1-23所示用刀口形直尺检查、图5-1-24所示用塞尺检查。注意观察刃口与加工面之间的透光情况,如果透光微弱而均匀,说明该方向是直的;如果透光强弱不一,说明该方向是不直的,记住不直的部位,便于进行修正锉削。

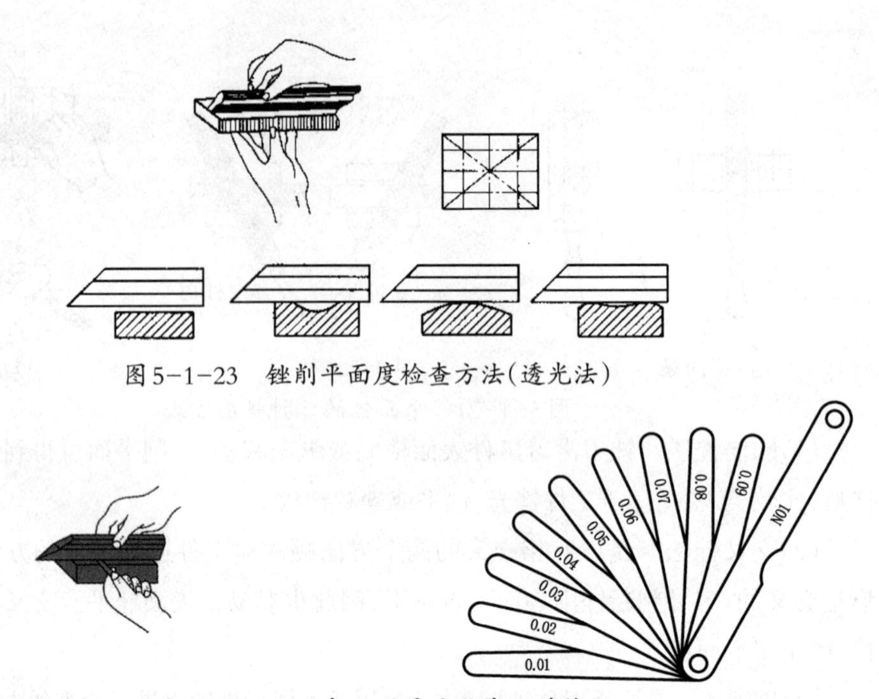

图 5-1-23　锉削平面度检查方法(透光法)

图 5-1-24　用塞尺测量平面度误差值

五、垂直面的锉削

(1)先需锉削好长方体的一个基准面(一般是较大的表面),达到平面度要求后,再结合划线,依次进行相邻表面锉削加工,并随时做好直角尺检查。

(2)检查垂直度:用直角尺采用透光法检查。检查前,先将工件的锐边倒棱,再将直角尺座基面贴紧工件基准面,然后从上到下轻轻移动,使直角尺刀口与被测量表面接触,根据透光情况对其表面进行检查,检查时,直角尺不可倾斜,否则,测量会不准确,同时,在同一平面上测量不同的位置时,直角尺不可拖动,以免造成直角尺磨损。如图5-1-25所示。

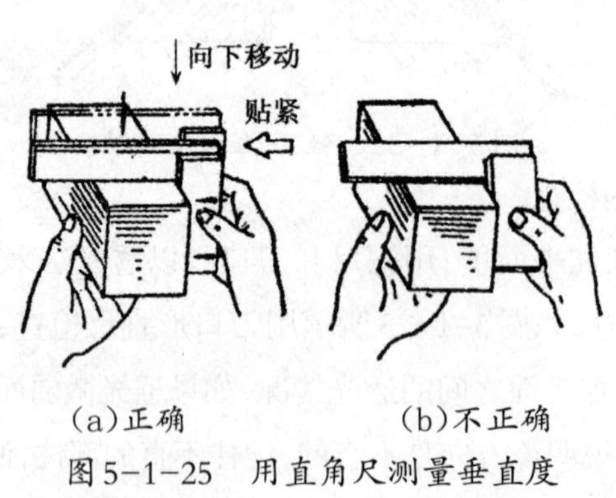

(a)正确　　(b)不正确

图 5-1-25　用直角尺测量垂直度

六、平行面的锉削

(1)加工出一组合格的垂直面后，就可以粗、精加工基准面的对面，可先用划线高度尺划线，先粗加工，预留0.15 mm左右的精加工余量，再用细齿锉刀加工至尺寸公差要求。锉削加工时注意基准面的保护，最好垫上软钳口，以免基准面精度下降影响后续表面的加工质量。

(2)检查尺寸。锉削加工的同时，根据尺寸精度要求不同分别用钢尺、游标卡尺或者千分尺在不同的位置上多测量几次。如图5-1-26、图5-1-27所示。

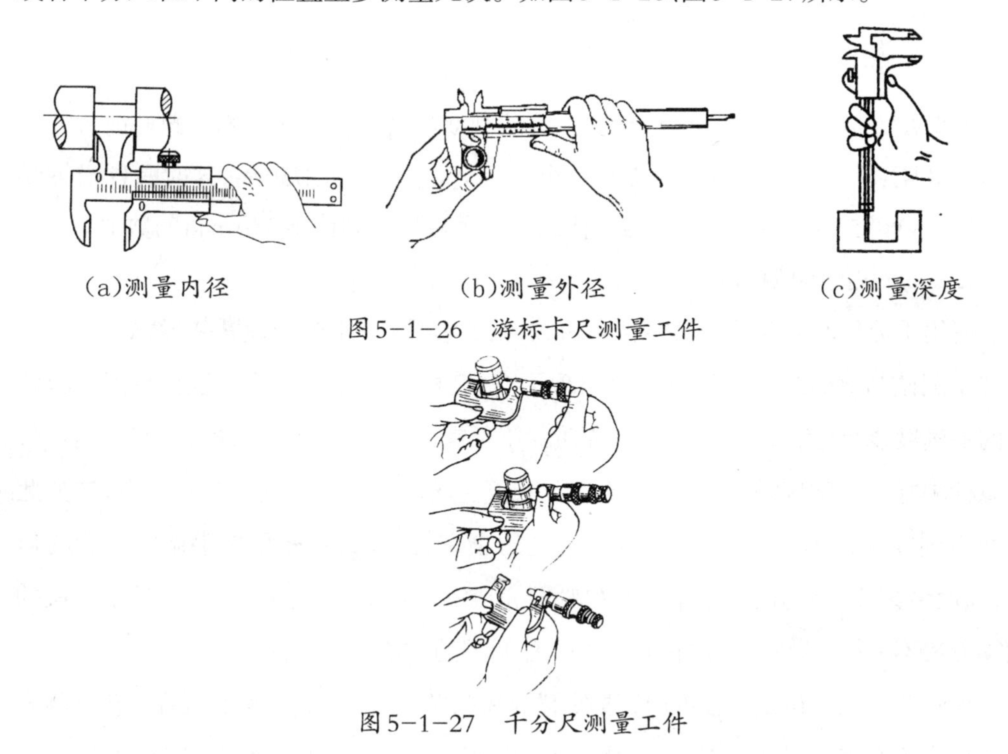

(a)测量内径　(b)测量外径　(c)测量深度

图5-1-26　游标卡尺测量工件

图5-1-27　千分尺测量工件

七、检查表面粗糙度

一般用眼睛观察即可，也可以用表面粗糙度样板进行对照检查。

八、千分尺量具的原理和用法

1. 千分尺的原理

千分尺是比游标卡尺更精密的长度测量仪器，如图5-1-29所示，它的量程是0～25 mm，分度值是0.01 mm。千分尺的结构由固定的①尺架、②测砧、③测微螺杆、④固定套管、⑤微分筒、⑥测力装置、⑦锁紧装置等组成。固定套管上有一条水

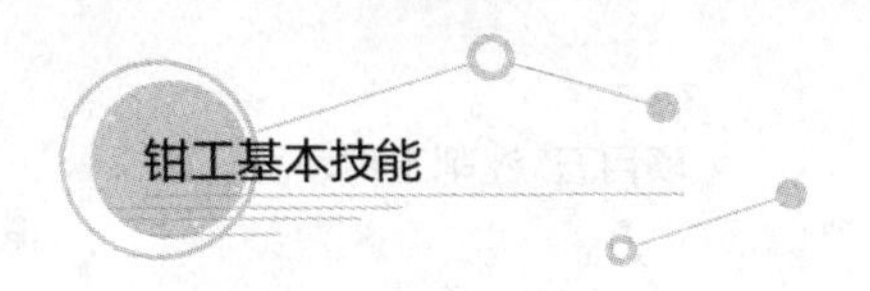

平线，这条线上、下各有一列间距为1 mm的刻度线，上面的刻度线恰好在下面两相邻刻度线中间。微分筒上的刻度线是将圆周分为50等分的水平线，它是旋转运动的。

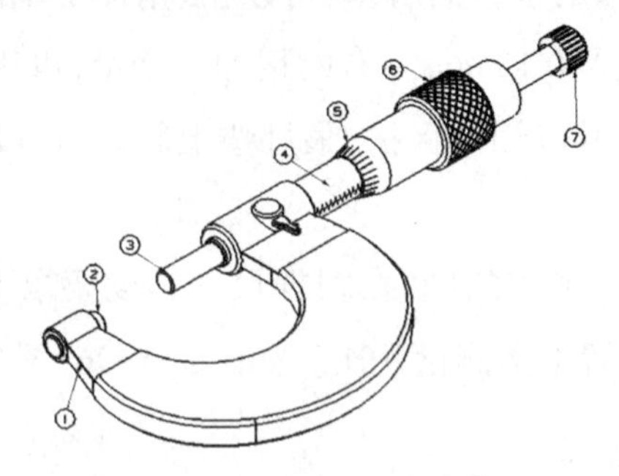

图5-1-29 千分尺的结构

根据螺旋运动原理，当微分筒（又称可动刻度筒）旋转一周时，测量螺杆前进或后退一个螺距：0.5 mm。当微分筒旋转一个分度后，它转过了1/50周，这时螺杆沿轴线移动了1/50×0.5 mm=0.01 mm。因此，使用千分尺可以准确读出0.01 mm的数值。

2．千分尺的零位校准

使用千分尺时先要检查其零位是否校准，其步骤是：①松开锁紧装置，清除油污，特别是测砧与测微螺杆间接触面要清理干净；②检查微分筒的端面是否与固定套管上的零刻度线重合，若不重合，应先转动旋钮至螺杆要接近测砧时，再转动测力装置，当螺杆刚好与测砧接触时会听到“喀喀”声，停止转动看看零刻度线是否重合；③如此时两零刻度线仍不重合，可将固定套管上的小螺钉松动，用专用扳手调节套管的位置，使两零刻度线对齐，再把小螺钉拧紧即完成零位校准。不同厂家生产的千分尺的调零方法不一样，这里介绍的仅是其中一种调零的方法。

检查千分尺零位是否校准时，要使螺杆和测砧接触，偶尔会发生向后旋转时测力装置两者不分离的情形。这时可用左手手心用力顶住尺架即测砧的左侧，右手手心顶住测力装置，再沿逆时针方向旋转旋钮，可以使螺杆和测砧分开。

校准后的千分尺，测微螺杆与测砧接触时可动刻度尺上的零刻度线与固定刻度上的水平横线对齐，如图5-1-30（a）所示。如果没有对齐，测量时就会产生系统误差——零误差。如无法消除零误差，则应在使用过程中考虑它们对读数的影响。若可动刻度的零刻度线在水平横线的上方，且第x条刻度线与横线对齐，即说明测量时的读数要比真实值小x/10 mm，这种零误差称为负零误差，如图5-1-30（b）所示，它的零误差为-0.05 mm；若可动刻度的零线在水平横线的下方，且第y条刻度线与横线对齐，则说明它的读数要比真实值大 y/100 mm，这种零误差称为正零误差，如图5-1-30(c)所示，它的零误差为+0.03 mm。

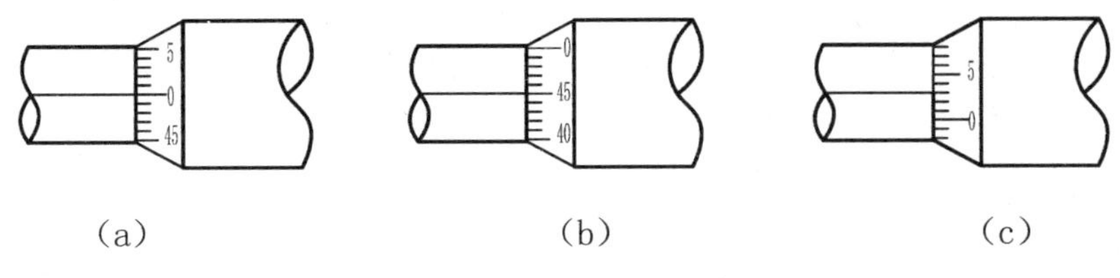

图5-1-30 千分尺的精度

对于存在零误差的千分尺，测量结果应等于读数减去零误差，即：物体长度=固定刻度数+可动刻度数-零误差。

3. 千分尺的读数

读数时，先以微分筒的端面为准线，读出固定套管下刻度线的分数值(只读出以毫米为单位的整数)，再以固定套管上的水平横线作为读数准线，读出可动刻度上的分度值，读数时应估读到最小刻度的1/10，即0.001 mm。如果微分筒的端面与固定刻度的刻度线之间无上刻度线，测量结果即为下刻度线的数值加可动刻度的值；如果微分筒端面与下刻度线之间有一条上刻度线，测量结果应为下刻度值的数值加上0.5 mm，再加上可动刻度的值。如图5-1-31所示，千分尺的读数为5.783 mm和7.383 mm。

图5-1-31 千分尺的读数方法

4. 用千分尺的注意事项

(1)千分尺是一种精密的量具，使用时应小心谨慎、动作轻缓，不要让它受到打击和碰撞。千分尺内的螺纹非常精密，使用时要注意：①旋钮和测力装置在转动时都不能过分用力；②当转动旋钮使测微螺杆靠近待测物时，一定要改用旋测力装置，不能转动旋钮使螺杆压在待测物上；③当测微螺杆与测砧已将待测物卡住或旋紧锁紧装置的情况下，不能强行转动旋钮。

(2)有些千分尺为了防止手的温度使尺架膨胀引起微小的误差，在尺架上装有隔热装置。实验时应手握隔热的装置，尽量少接触尺架的金属部分。

(3)使用千分尺测同一长度时，一般应反复测试几次，取其平均值即为测量结果。

(4)千分尺用后,应用纱布擦干净,在测砧与螺杆之间留出一点缝隙,放入盒中。如长期不用可抹上黄油或机油,放置在干燥的地方。注意不要让它接触任何腐蚀性的气体。

任务评价

对工具的使用和锉削情况,根据表5-1-2中的要求进行评价。

表5-1-2 工具使用和锉削情况评价表

评价内容	评价标准	分值	学生自评	教师评估
准备工作	准备充分	5分		
工具的识别	正确识别工具	5分		
锉刀的使用	正确使用	10分		
刀口形直尺的使用	正确使用	10分		
直角尺的使用	正确使用	10分		
锉削尺寸(三处)	达到要求	15分		
垂直度(五处)	达到要求	10分		
平面度(五处)	达到要求	10分		
平行度(一处)	达到要求	5分		
安全文明生产	没有违反安全操作规程	5分		
情感评价	按要求做	15分		
学习体会				

一、填空题(每题10分,共50分)

1.锉削指用锉刀对表面进行__________,使工件达到所要求的__________、__________和表面粗糙度的加工方法。

2.锉刀是由__________、锉刀边、__________、手柄等部分组成。

3.普通锉刀按截面形状不同分为____________________等五种。

4.平面锉削方式有____________________三种。

5.大锉刀的握法:右手心抵着锉刀柄的尾端头,大拇指放在__________的上面,其余四指自然握住锉刀柄。

二、判断题(每题10分,共50分)

1.锉刀的大小以锉刀面的工作长度来表示。 ( )

2.锉刀常用碳素工具钢T12制成,并经热处理淬硬到HRC62~67。 ( )

3.材质软,选粗齿的锉刀;反之选细齿的锉刀。 ( )

4.锉削比较宽大的平面时,锉刀要逐渐平移。 ( )

5.锉刀使用后为防止生锈,应涂油保护。 ( )

任务二　锉削冲孔凸模工件上的曲面

任务目标

(1)能识别工具类型。

(2)能正确地使用工具。

(3)能正确地进行曲面锉削操作。

(4)能熟练掌握曲面锉削的基本方法。

任务分析

本任务的主要内容是用锉削工具正确地进行曲面锉削操作。曲面锉削主要是通过选择正确的工具和合理的锉削方法对单个的内、外圆弧以及球面进行锉削，零件坯料接上个任务，尺寸为70 mm×25 mm×8 mm,将其加工至所需要的零件，如图5-2-1所示。

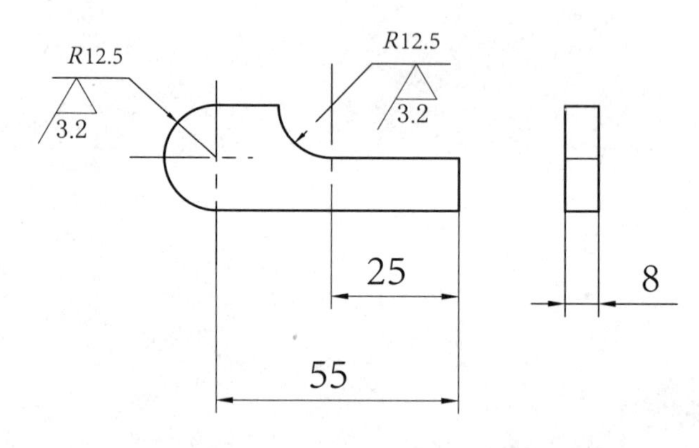

图5-2-1　曲面锉削工件

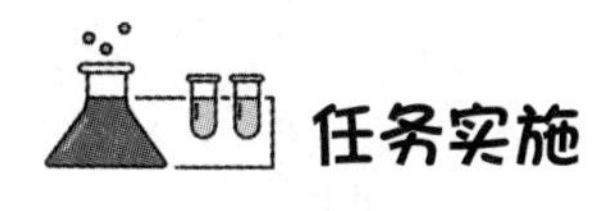

任务实施

一、工具、量具的准备

锉削的工具、量具准备清单见表5-2-1。

表5-2-1 工具、量具清单

序号	名称	规格	数量
1	高度游标卡尺	0～300 mm	1把/组
2	游标卡尺	0～150 mm	1把/组
3	宽座角尺	100 mm×63 mm	1把/组
4	划线平板		1把/块
5	划针		1个/组
6	划规		1个/组
7	样冲		1套/组
8	锤子		1把/组
9	挡块（“V”形铁）		1块/组
10	大锉刀		1把/人
11	中锉刀		1把/人
12	整形锉刀		1套/人
13	方锉刀		1把/人
14	圆锉刀		1把/人
15	半圆锉刀		1把/人
16	千分尺		1把/人
17	抛光纱布		1张/人
18	半径规（*R*规）		1把/人

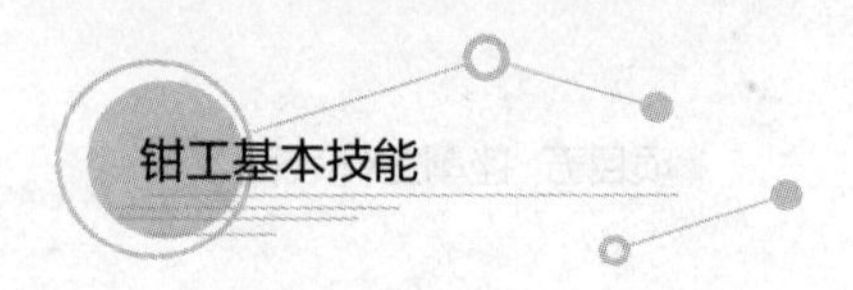

二、锉削的工艺步骤

1. 划线

根据工作任务，先在工件坯料(锉削平面任务的工件70 mm×25 mm×8 mm)正反两面进行划线。如图5-2-2所示。

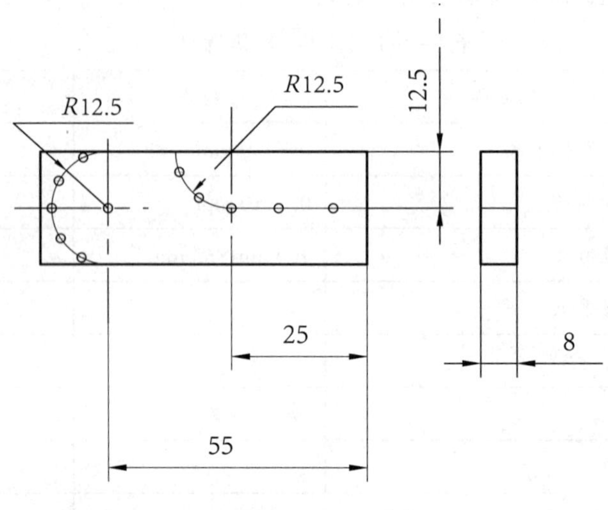

图5-2-2　划线

2. 锯削

用手锯将多余的材料锯断。留余量0.5 ~ 1 mm，如图5-2-3所示。

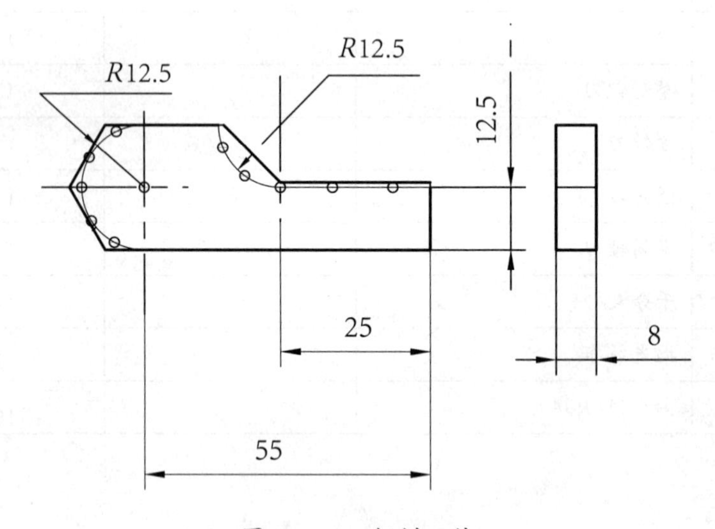

图5-2-3　锯削工件

3. 锉外圆弧面

用大平锉、粗齿锉先进行粗加工外圆弧面，用R规检查合格后，留余量0.15 mm，用大平锉、细齿锉进行精加工，达到要求。如图5-2-4所示。

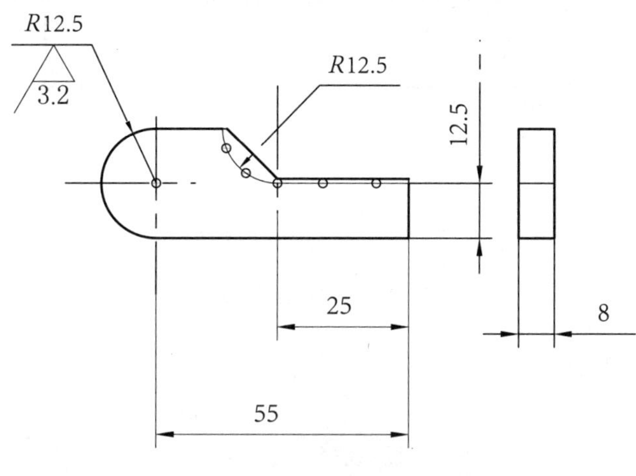

图5-2-4 锉外圆弧面

4. 锉内圆弧面

用圆锉或半圆锉加工内圆弧，按划线位置进行粗加工，留余量0.15 mm精锉，达到如图5-2-1所示的要求。

5. 检查、交工件、整理钳台

工件锐边倒棱，去毛刺，以免伤手或出现检查误差。按如图5-2-1所示要求，检查后上交工件，整理钳台，做清洁，归还工具和量具。

上面已介绍了锉削工具的使用，锉削时如何保证质量，下面来做一做，看谁做得又好又快。如图5-2-5所示。先自己评价，然后请其他同学评价，最后教师评价。

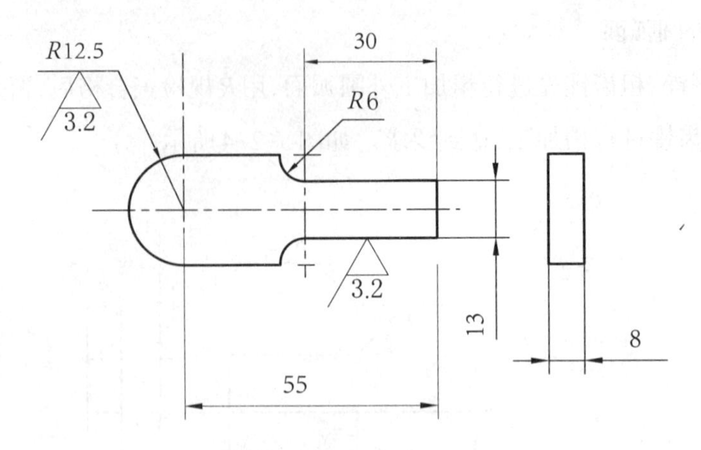

图 5-2-5　锉削曲面工件

相关知识

一、曲面的锉削

曲面由各种不同的曲线形面所组成，掌握内、外圆弧面的锉削方法和技能是掌握各种曲面锉削的基础。

1. 锉削外圆弧面的方法

锉削外圆弧面所用的锉刀均为平板锉。锉削时，锉刀要同时完成两个运动，即前进运动和绕工件圆弧中心转动，锉削外圆弧面有两种方法。

一种是粗锉外圆弧面时，常横着圆弧面进行锉削。如图 5-2-6 所示，锉削时，锉刀做直线运动，而且不断随圆弧面摆动，这种方法锉削效率高，且便于按划线均匀锉近弧线，但只能锉成近似圆弧的多棱形面。

另一种是精锉时，常顺着圆弧面进行锉削。如图 5-2-7 所示，锉削时，锉刀向前，右手下压，左手上提，这种方法使圆弧面锉削光滑，但锉削位置不容易掌握，而且锉削效率不高。

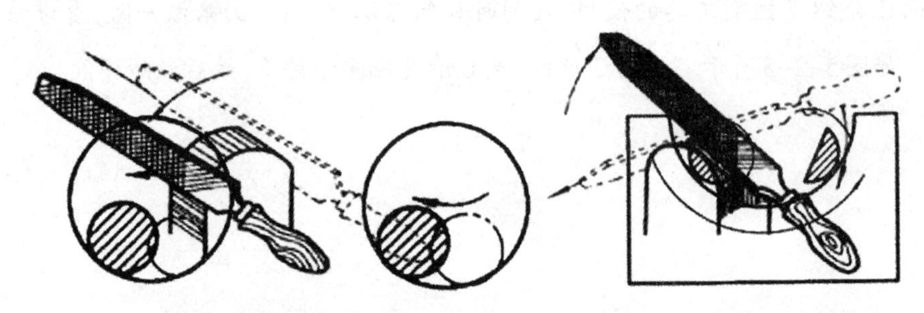

图 5-2-6　横着圆弧面锉　　　　图 5-2-7　顺着圆弧面锉

2. 锉削内圆弧面方法

锉削内圆弧面应选用圆锉刀或半圆锉刀、方锉刀等。锉削时，锉刀同时完成三个运动，一是前进运动，二是随圆弧向左或向右移动，三是绕锉刀中心线转动，这样才能保证锉出的弧面光滑、准确。如图5-2-8所示。

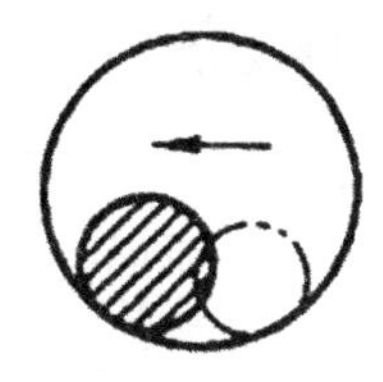
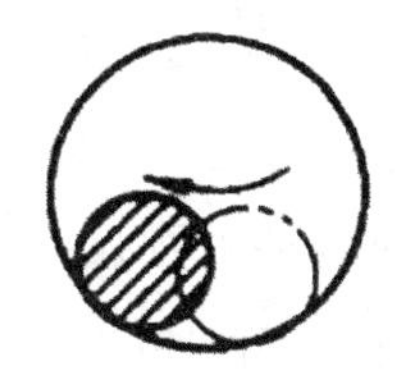
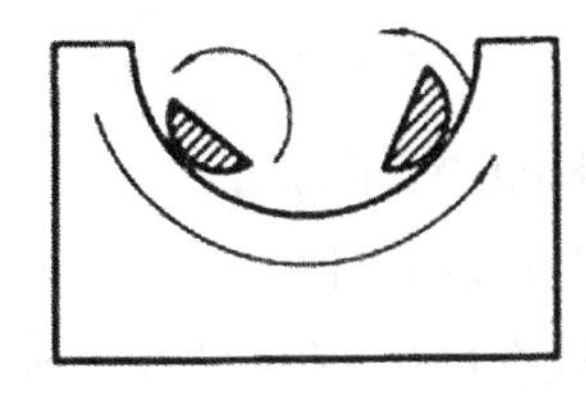

图5-2-8　内圆弧的锉削

3. 平面与曲面的连接方法

一般情况下，应先加工平面后加工曲面，以便于使曲面与平面连接，如果先加工曲面而后加工平面，则在加工平面时，由于锉刀侧面没有依靠容易产生移动，使加工好的曲面损伤，同时连接处也不容易锉圆滑或使圆弧不能与平面相切。如图5-2-9所示。

图5-2-9　平面与曲面连接锉削

4. 轴面形体线轮廓的检查方法

在进行曲面锉削时，可以用曲面样板通过塞尺或透光法进行检查。半径规又称为*R*样规、*R*规，如图5-2-10所示。它一半测量外圆弧，另一半是测量内圆弧，是由薄钢板制成，叶片具有很高的精度。

钳工一般所用*R*规规格是1～6.5 mm，7～14.5 mm，15～25 mm几种。特殊规格可根据需要专门生产。

*R*规是利用光隙法测量圆弧半径的工具，测量时必须使*R*规的测量面与工件的圆弧完全紧密的接触，当测量面与工件的圆弧中间没有间隙时，工件的圆弧度数则为此时相应的*R*规上所表示的数字，由于是目测，故准确度不是很高，只能作为定性测量。如图5-2-11所示。

图5-2-10　*R*规

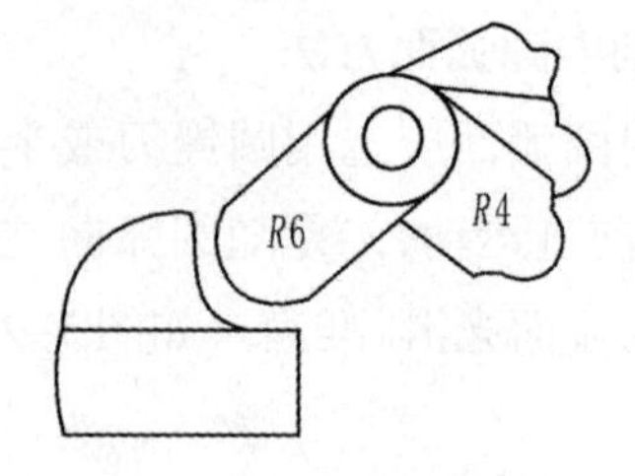

图5-2-11　测量方法

5. 球面的锉削方法

锉削球面时，锉刀要以纵向和横向两种外圆弧锉削方法（顺着圆弧面锉和横着圆弧面锉）结合进行，才能锉削出所需要的表面，如图5-2-12所示。

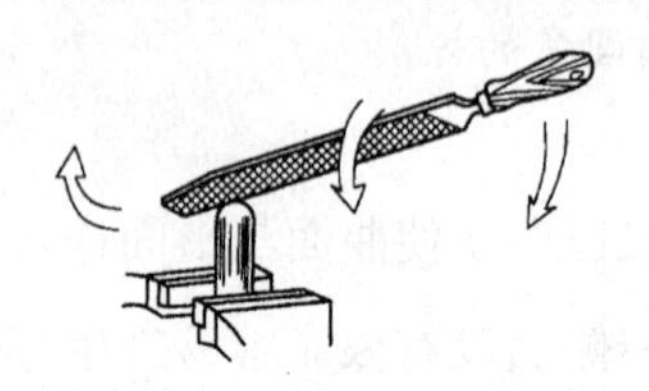

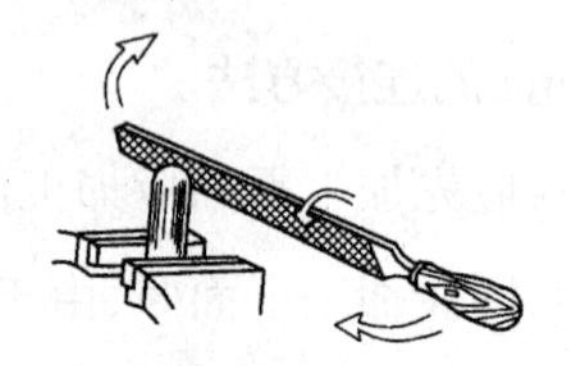

图5-2-12　球面的锉法

二、锉削质量分析和安全文明生产

1. 锉削质量分析

锉削时产生废品的形式、原因及预防方法见表5-2-3。

表5-2-3　锉削质量分析

废品形式	原因	预防方法
工件夹坏	（1）夹紧钳口太硬 （2）夹紧力过大 （3）未使用辅助工具夹持	（1）夹紧加工工件时应用软钳口 （2）夹紧力要恰当，夹薄壁管最好用弧形木垫 （3）对薄而大的工件要使用辅助工具夹持
平面中凸	（1）锉削时锉刀摇摆 （2）锉刀面呈凹形	（1）加强锉削技术的训练 （2）更换锉刀
工件尺寸太小	（1）划线不正确 （2）锉刀锉出加工界线	（1）按图样尺寸正确划线 （2）锉削时要经常测量，对每次锉削量要心中有数
表面不光洁	（1）锉刀粗细选用不当 （2）锉屑嵌在锉刀缝中未及时清除	（1）合理选用锉刀 （2）经常清除锉屑
不应锉削的部分被锉掉	（1）锉削垂直面时未选用光边锉刀 （2）锉刀打滑锉伤邻近表面	（1）应选用光边锉刀 （2）注意消除油污等引起打滑的因素

2. 锉削安全文明生产

锉削中应注意以下安全问题：

（1）不使用无柄或裂柄锉刀锉削工件，锉刀柄应装紧，以防手柄脱出后，锉舌把手刺伤。

（2）锉工件时，不可用嘴吹铁屑，以防铁屑飞入眼内；也不可以用手去清除铁屑，应用刷子扫除。

（3）放置锉刀时，不能将其一端（或者手柄）露出钳台外面，以防锉刀跌落而把脚扎伤。

（4）锉削时，不可用手摸被锉过的工件表面，因手有油污会使锉削时锉刀打滑而造成事故。

（5）对铸件上有硬皮或粘砂、锻件上有飞边或毛刺等情况，应先用砂轮磨去，然后锉削。

（6）新锉刀先要用一面，用钝后再使用另一面。

（7）锉刀不能用作撬棒或敲击工件，防止锉刀折断伤人。

（8）锉刀是右手工具，应放在台虎钳右边，不能把锉刀与锉刀叠放或锉刀与量具叠放。

（9）锉刀不可以沾油和水。

（10）锉削时，锉刀手柄不可以撞击工件，以免脱柄造成事故。

（11）锉削时，铁屑嵌入齿缝内，须及时用钢丝刷沿锉刀刀齿纹路进行清除，锉刀使用完毕也须将铁屑清除干净。

任务评价

对工具的使用和锉削情况，根据表5-2-2中的要求进行评价。

表5-2-2 工具使用和锉削情况评价表

评价内容	评价标准	分值	学生自评	教师评估
准备工作	准备充分	5分		
工具的识别	正确识别工具	5分		
锉刀的使用	正确使用	15分		
*R*规的使用	正确使用	15分		
锉削尺寸（三处）	达到要求	15分		
圆弧（三处）	达到要求	25分		

续表

评价内容	评价标准	分值	学生自评	教师评估
安全文明生产	没有违反安全操作规程	5分		
情感评价	按要求做	15分		
学习体会				

一、填空题(每题10分,共50分)

1.锉削外圆弧面所用的锉刀为________,锉削内圆弧面应选用________方锉等。

2.在进行曲面锉削时,可以用________通过塞尺或________进行检查。

3.锉削平面时,工件平面易产生中凸的现象是________和________原因。

4.检查工件表面的垂直度是用________采用透光法或________检查。

5.锉削工件的平行面的检查是根据________要求不同,分别用钢尺、游标卡尺或者千分尺来测量。

二、判断题(每题10分,共50分)

1.锉削内、外圆弧面时,锉刀要同时完成两个运动。 (　　)

2.锉平面与曲面连接时,一般情况下应先加工平面后加工曲面,以便于使曲面与平面的光滑连接。 (　　)

3.锉削时,不可用手摸被锉过的工件表面。 (　　)

4.锉削时铁屑嵌入齿缝内,须及时用钢丝刷沿锉刀刀齿纹路进行清除。 (　　)

5.钳工加工的工件、交工件时锐边必须倒棱,去毛刺。 (　　)

项目六 加工孔

零件孔加工，可由车、镗、铣等机床完成，也可由钳工利用钻床和钻孔工具（钻头、扩孔钻、铰刀等）完成。钳工加工孔的方法一般指钻孔、扩孔、锪孔和铰孔。

钻削加工在钳工加工中具有极其重要的作用，它是钳工加工的一个难点和重点，在钳工模具制造中具有不可替代的地位。本项目主要学习怎样操作钻削加工，如下图所示。

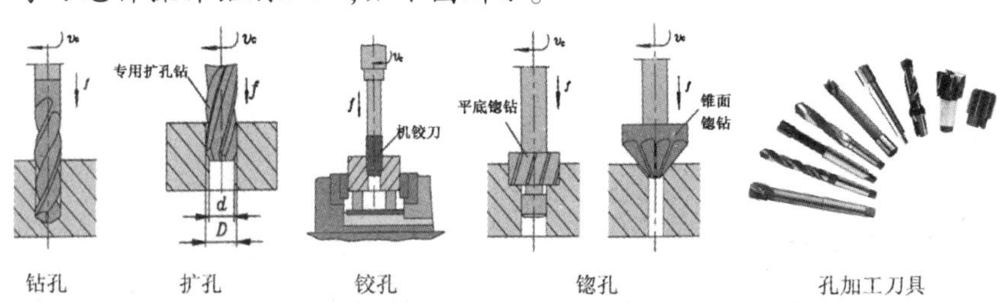

孔加工

目标类型	目标要求
知识目标	(1)学会正确钻孔、锪孔和铰孔的操作姿势 (2)掌握麻花钻的结构，能正确选择麻花钻 (3)能根据不同材料和加工要求正确选用钻床、钻头、铰刀 (4)遵守操作规程，做到安全和文明操作
技能目标	(1)加工零件时，能熟练地划线、钻孔、扩孔、锪孔和铰孔 (2)能正确刃磨麻花钻 (3)能正确地装夹工件
情感目标	(1)能主动学习和虚心请教 (2)能与他人交流沟通 (3)能重视操作规范，培养安全意识 (4)能团队合作，共同完成工作任务

任务一　钻钳口铁工件的孔

任务目标

（1）能根据钻孔要求，正确选择各种钻孔设备。

（2）学会刃磨麻花钻。

（3）能正确钻孔。

（4）掌握钻孔的安全操作规程。

任务分析

本任务主要是用麻花钻在实体材料上加工出孔(即钻孔)。如图6-1-1所示，预计需要2个课时完成。

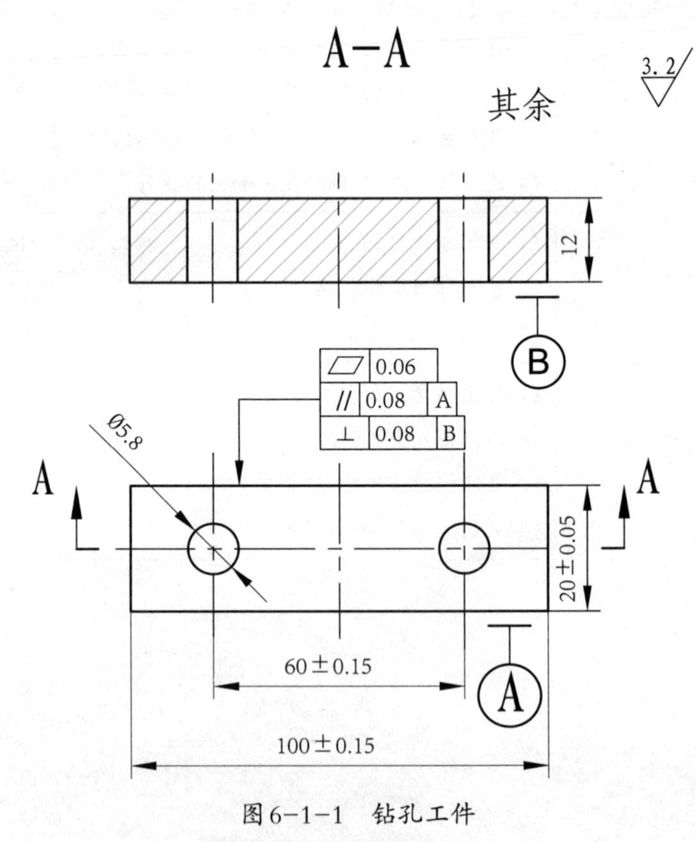

图6-1-1　钻孔工件

在钻床上钻孔时，一般情况下，钻头应同时完成两个运动。主运动:将切屑切下所需要的基本运动，即钻头绕轴线的旋转运动（切削运动）；进给运动:使被切削金属材料继续投入切削的运动，即钻头沿着轴线方向对着工件的直线运动。由于钻头结构上存在的缺陷，影响加工质量，钻孔的加工精度一般在IT10级以下，表面粗糙度 Ra 为12.5 μm左右，属粗加工。钻孔麻花钻及其功能如图6-1-2所示。

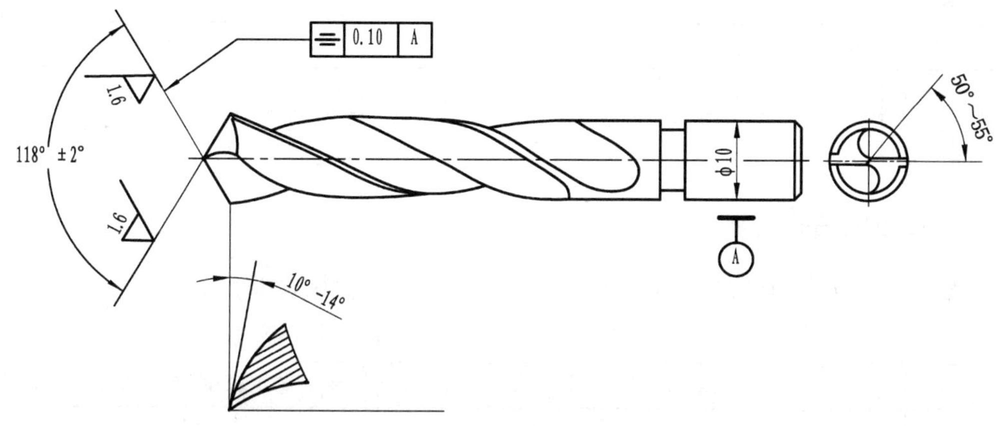

图6-1-2　麻花钻及其功能

任务实施

一、工具、量具的准备

钳口铁的钻孔工具、量具准备清单见表6-1-1。

表6-1-1　工具、量具准备清单

序号	名称	规格	数量
1	高度游标卡尺	0～300 mm	1把/组
2	游标卡尺	1～125 mm	1把/组
3	千分尺	0～25 mm	1把/组
4	样冲		1支/组
5	锤子	0.5 kg	1把/组
6	宽座角尺	100 mm×63 mm	1把/组
7	划线平板	70 mm×70 mm	1个/组
8	划针		1支/组
9	划规		1支/组
10	挡块（“V”形铁）		1个/组
11	大锉刀	300 mm	1把/人

续表

序号	名称	规格	数量
12	中锉刀	200 mm	1把/人
13	砂布		1张/人
14	手锯		1把/人
15	锯条	300mm	2根/人
16	麻花钻	ϕ5.8 mm	1支/组
17	麻花钻	ϕ12 mm	1支/组

二、钳口铁的钻孔工艺

根据工作任务，在钳口铁上钻孔的具体加工工艺过程见表6-1-2。

表6-1-2　钳口铁的钻孔工艺

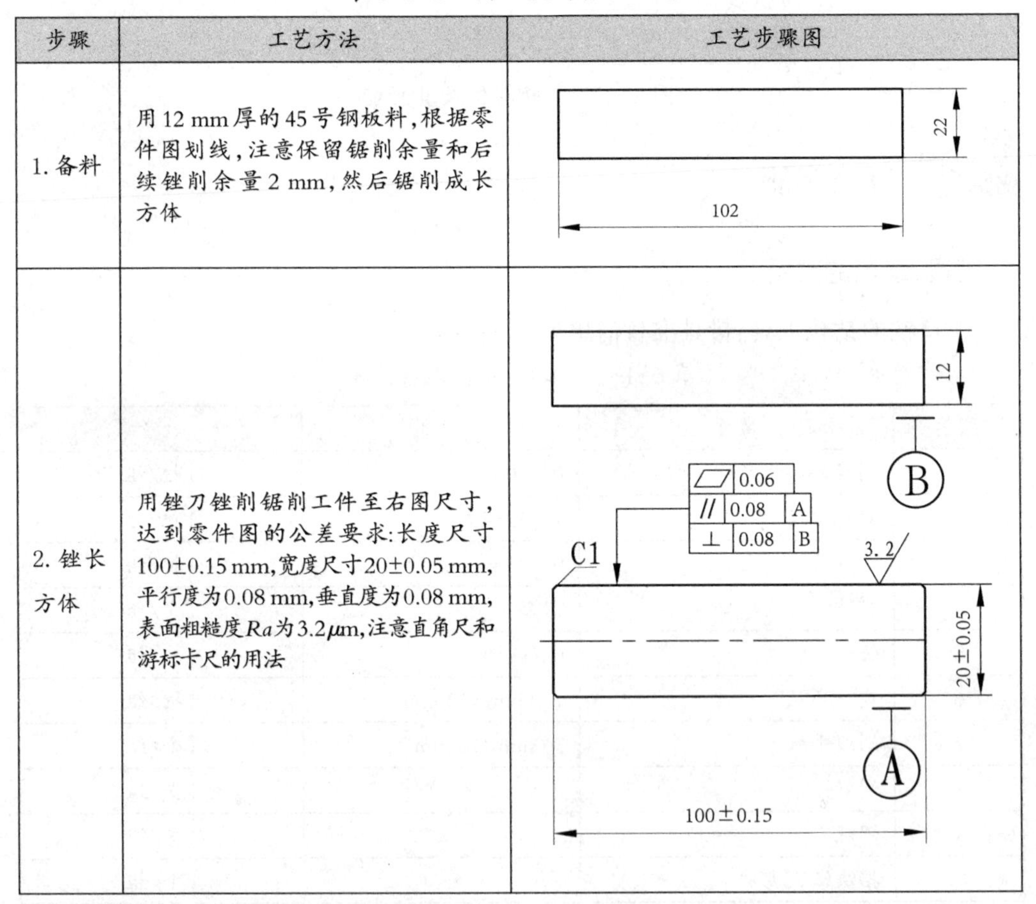

步骤	工艺方法	工艺步骤图
1. 备料	用12 mm厚的45号钢板料，根据零件图划线，注意保留锯削余量和后续锉削余量2 mm，然后锯削成长方体	
2. 锉长方体	用锉刀锉削锯削工件至右图尺寸，达到零件图的公差要求：长度尺寸100±0.15 mm，宽度尺寸20±0.05 mm，平行度为0.08 mm，垂直度为0.08 mm，表面粗糙度Ra为3.2μm，注意直角尺和游标卡尺的用法	

续表

步骤	工艺方法	工艺步骤图
3. 划线	在划线平台上用高度游标卡尺划线，划好后用游标卡尺检查，准确后打上样冲眼，为了提高划线精度，可进行双面划线，选择划线精度高的表面进行加工	A—A 12 A A 20±0.05 60±0.15 100±0.15
4. 钻孔	根据划线位置，在平口钳上装夹工件，注意要装夹平衡，用刀口角尺检查后，在台钻上用ϕ5.8 mm麻花钻钻孔，钻孔时，先用麻花钻点钻，检查位置是否正确，正确后便可进行钻削加工	A—A 12 2XØ5.8 A A 20±0.05 60±0.15 100±0.15

上面已介绍了钳口铁加工工艺，备料、锉削、划线、钻孔时如何保证质量，下面来做一做，看谁做得又好又快。

每位同学用一块钢板，按图样加工出零件，如图6-1-1所示。先自己评价，然后请其他同学评价，最后教师评价。

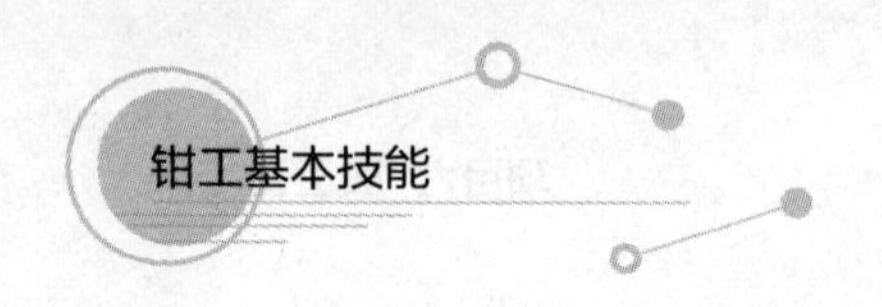

相关知识

一、麻花钻

1.麻花钻的结构

麻花钻由柄部、颈部、工作部分组成，如图6-1-3所示。

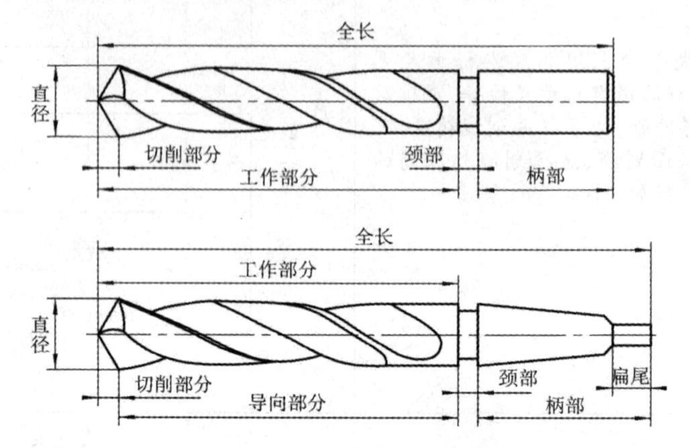

图6-1-3　麻花钻的结构

钻头大于6～8 mm时，工作部分用高速钢焊接、淬硬，柄部用45号钢制造。

(1)柄部(钻头的夹持部分，含扁尾)。

①作用：传递扭矩和轴向力，使钻头的轴心线保持正确的位置。扁尾的作用是防止锥柄在锥孔内打滑，增加传递的扭矩，便于钻头从主轴孔中或钻套中退出。

②种类。

直柄：只能用钻夹头夹持，传递扭矩小。直径小于13 mm。

锥柄：可以传递较大的扭矩。

(2)颈部。

作用：在磨削钻头时供砂轮退刀用，还可以刻印钻头的规格、商标和材料。

(3)工作部分(含导向部分)。

①组成：由切削部分和导向部分组成。

②作用：切削部分承担主要的切削工作。导向部分在钻孔时起引导钻削方向和修光孔壁的作用，同时也是切削部分的备用段。

③切削部分的六面、五刃，如图6-1-4所示。

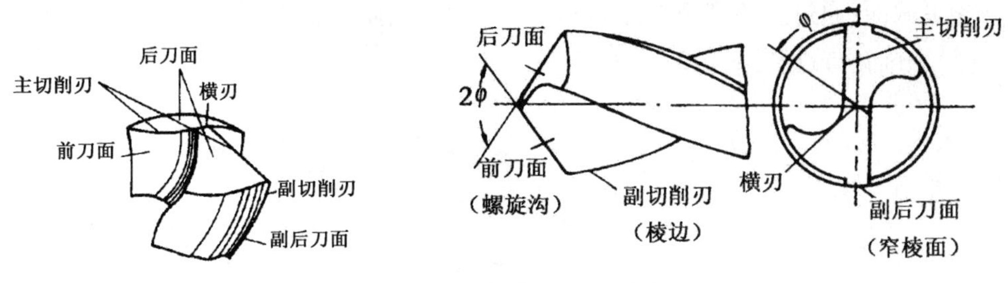

图6-1-4 麻花钻切削部分

第一,六面。

两个前刀面:切削部分的两螺旋槽表面;两个后刀面:与工件切削表面相对的曲面;两个副后刀面:与已加工表面相对的钻头两棱边。

第二,五刃。

两条主切削刃:两个前刀面与两个后刀面的交线;两条副切削刃:两个前刀面与两个副后刀面的交线;一条横刃:两个后刀面的交线。

④导向部分。

螺旋槽:排屑、输送冷却液。

棱边:减少钻头与孔壁的摩擦、兼导向作用。

⑤钻心:刀瓣中间的实心部分,保证强度和刚度。

2.麻花钻的辅助平面和切削角度

(1)辅助平面(图6-1-5)。

为了研究麻花钻的切削角度,我们必须和研究錾子时一样建立辅助平面。

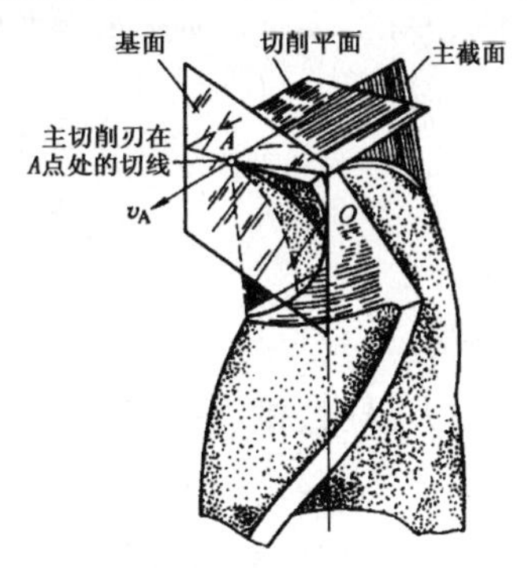

图6-1-5 麻花钻的辅助平面

①基面:通过切削刃上的一点并和该点切削速度方向垂直的平面(钻头主切削刃上各点的基面过圆心)。

②切削平面:通过主切削刃上点并与工件加工表面相切的平面。

③主截面:通过主切削刃上点并同时和基面、切削平面垂直的平面。

(2)切削角度(图6-1-6)。

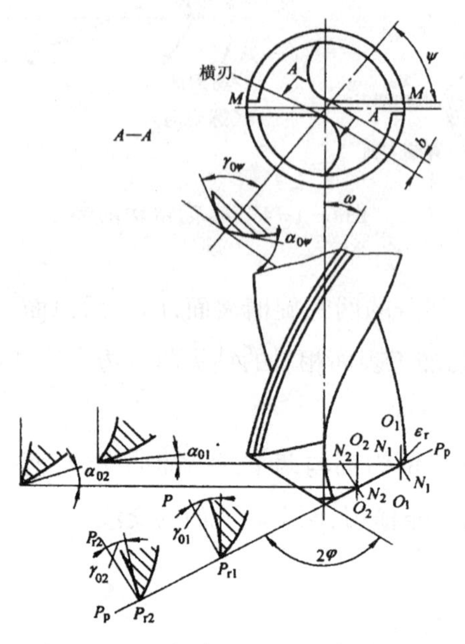

图6-1-6 麻花钻的切削角度

①顶角2φ。

顶角的定义:顶角又称峰角或顶夹角,为两条主切削刃在其平行的平面上投影的夹角。

顶角的大小:顶角的大小根据加工的条件决定。一般$2\varphi=118°\pm2°$ 。

$2\varphi=118°$时,主切削刃呈直线形;

$2\varphi<118°$时,主切削刃呈外凸形;

$2\varphi>118°$时,主切削刃呈内凹形。

影响:

2φ增大,轴向力增大,扭矩减小;

2φ减小,轴向力减小,扭矩增大,导致排屑困难。

②螺旋角β(图6-1-7)。

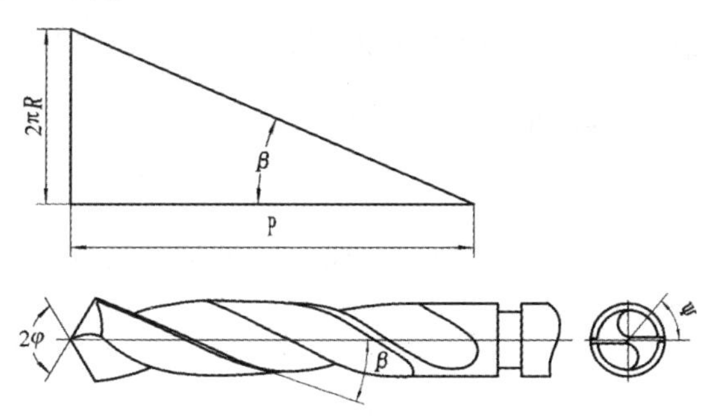

图6-1-7 麻花钻的螺旋角

螺旋角定义:麻花钻的螺旋角是指主切削刃上最外缘处螺旋线的切线与钻头轴心线之间的夹角。

螺旋角的大小:在钻头的不同半径处螺旋角的大小是不等的。钻头外缘的螺旋角最大,越靠近钻心,螺旋角越小。(相同的钻头,螺旋角越大,强度越低)

③前角γ。

前角的定义:主切削刃上任意一点的前角,是指在主截面N-N中,前刀面与基面的夹角。

前角的大小:主切削刃上各点的前角不等。外缘处的前角最大,一般为30°左右,自外缘向中心处前角逐渐减小。约在中心$d/3$范围内为负值,接近横刃处前角为-30°,横刃处为-54°~-60°。(前角越大,切削越省力)

④后角α_0。

后角的定义:钻头切削刃上某一点的后角是指在圆柱截面内的切线与切平面之间的夹角。

后角的大小:主切削刃上各点的后角不相等。刃磨时,应使外缘处后角较小。

(α_0=8°~14°),越靠近钻心后角越大(α_0=20°~26°),横刃处α_0=30°~36°(后角的大小影响着后刀面与工件切削表面的摩擦程度。后角越小,摩擦越严重,但切削刃强度越高)。

⑤横刃斜角φ。

横刃斜角:在垂直与钻头轴线的端面投影中,横刃与主切削刃之间的夹角。

横刃斜角的大小:标准麻花钻φ=50°~55°。横刃斜角的大小与靠近钻心处的后角的大小有着直接关系,近钻心处的后角磨得越大,则横刃斜角就越小。反过来说,如果横刃斜角磨得准确,则近钻心处的后角也是准确的。

⑥副后角α。

副后角的定义:副后刀面与孔壁之间的夹角。

副后角的大小:标准麻花钻的副后角为0°。

⑦横刃长度b。

横刃的长度不能太长也不能太短。太长会增加钻削时的轴向阻力。太短会降低钻头的强度。

标准麻花钻的横刃长度$b=0.18d$。

⑧钻心厚度d。

钻心厚度:钻心厚度是指钻头的中心厚度。

钻心厚度的大小:钻心厚度过大时,自然增大横刃长度b,而厚度太小又削弱了钻头的刚度。为此,钻头的钻心做成锥形,即由切削部分逐渐向柄部增厚。(标准麻花钻的钻心厚度为:切削部分$d_1=0.125d$, 柄部$d_2=0.2d$)

3. 麻花钻的刃磨和修磨

(1)标准麻花钻的缺点。

①定心不良。由于横刃较长,横刃处存在较大的负前角,使横刃在切削时产生挤压和刮削状态,由此产生较大的轴向抗力,这一轴向抗力是使钻头在钻削时产生抖动引起定心不良的主要原因,并且也是引起切削热的主要主要原因。

主切削刃上各点的前角大小不同,引起各点切削性能不同。

②棱边较宽,副后角为零,靠近切削部分的棱边与孔壁之间的摩擦比较严重,容易发热和磨损。

③切屑宽而卷曲,造成排屑困难。

(2)麻花钻的刃磨。

①刃磨要求(参照图6-1-8所示麻花钻刃磨过程)。

麻花钻的顶角2φ应为118°±2°,边缘处的后角α_0为10°~14°,横刃斜角应为50°~55°,两主切削刃长度以及和钻头轴心线组成的两个角要相等,两个主后刀面要刃磨光滑。

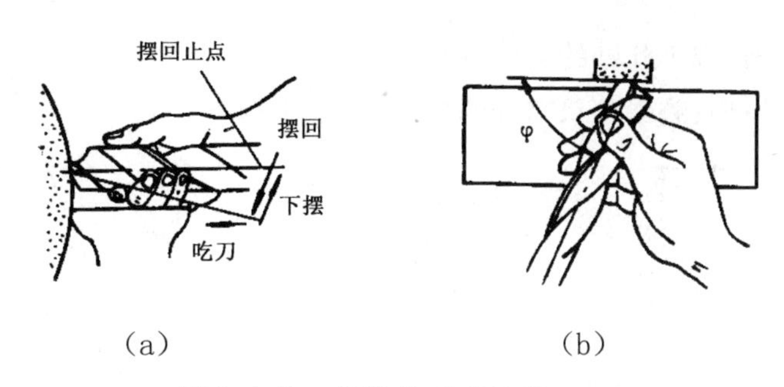

(a) (b)

图6-1-8 麻花钻刃磨过程

②刃磨方法。

口诀一："刃口摆平轮面靠。"

口诀二："钻轴斜放出锋角。"这里是指钻头轴心线与砂轮表面之间的位置关系。锋角(顶角)118°±2°的一半，约为60°。这个位置很重要，直接影响钻头顶角大小及主切削刃形状和横刃斜角。此时钻头在位置正确的情况下准备接触砂轮。

口诀三："由刃向背莫后面。"这里是指从钻头刃口开始沿着整个后刀面缓慢刃磨，这样便于散热和刃磨。钻头可以轻轻地接触砂轮，进行少量的刃磨，刃磨时要观察火花的均匀性，要及时调整压力，并注意钻头的冷却。当冷却后重新开始刃磨时，要继续摆成口诀一、二中的位置。

口诀四："上下摆动尾别翘。"这个动作在钻头刃磨过程中也很重要，往往有学生在刃磨时把"上下摆动"变成了"上下转动"，使钻头的另一主刀刃被破坏。同时，钻头的尾部不能高于砂轮水平中心线，否则会使刃口磨钝，无法切削。

在上述四句口诀中的动作要领基本掌握的基础上，对钻头的后角也要充分注意，不能磨得过大或过小。分别用过大后角、过小后角的钻头在台钻上试钻可发现，过大后角的钻头在钻削时，孔口呈三边或五边形，震动厉害，切削呈针状；过小后角的钻头在钻削时轴向力很大，不易切入，钻头发热严重，无法钻削。通过比较、观察、反复地"少磨多看"、试钻及对横刃的适当修磨，就能较快地掌控麻花钻的正确刃磨方法，较好地控制后角的大小。当试钻时，钻头排屑轻快、无震动，孔径无扩大，即可以转入其他类型钻头的刃磨练习。

(3)麻花钻的修磨(图6-1-9)。

①修磨横刃：把横刃磨短成b=0.5～1.5 mm，使其长度等于原来的1/3。

②修磨主切削刃：在钻头外缘处磨出过渡刃f=0.2d。

③修磨棱边：在靠近主切削刃的一段棱边上，磨出副后角α=6°～8°。

④修磨前面：减小此处的夹角，避免扎刀。

⑤修磨分屑槽：磨出几条错开的分屑槽，利于排屑。

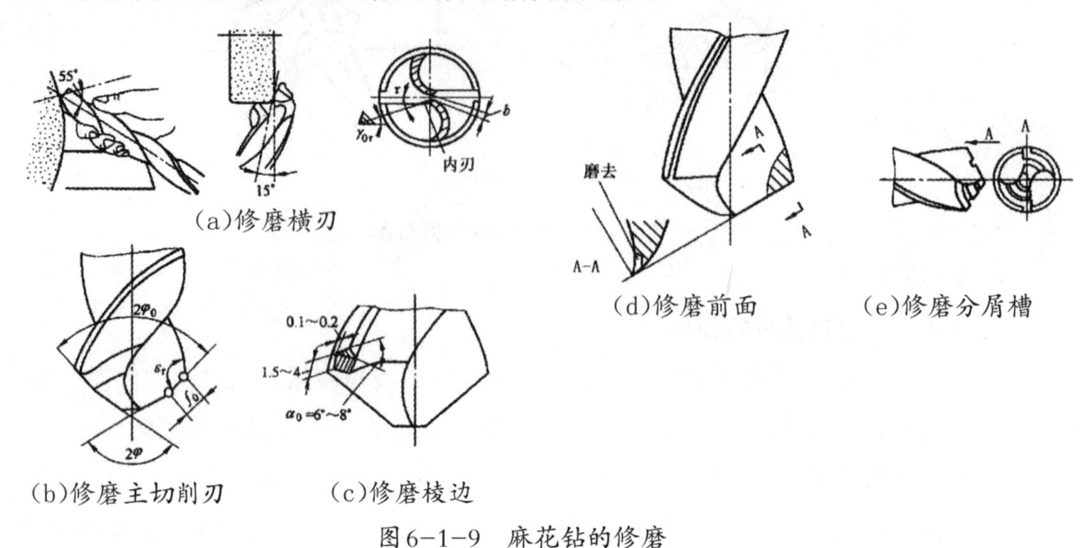

(a)修磨横刃 (b)修磨主切削刃 (c)修磨棱边 (d)修磨前面 (e)修磨分屑槽

图6-1-9 麻花钻的修磨

二、装夹钻头的工具

1. 钻夹头(图6-1-10)

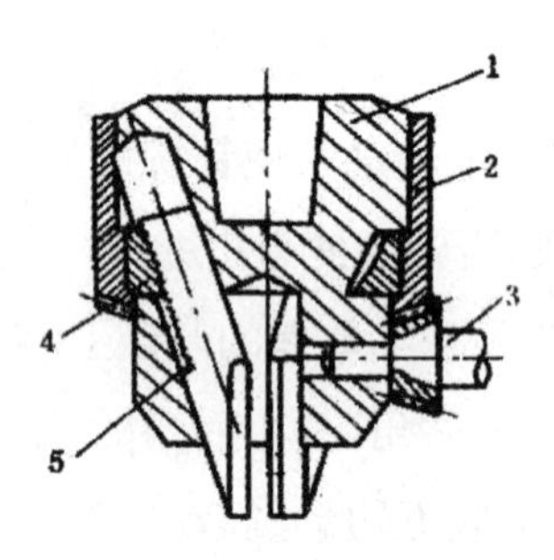

1-夹头体；2-钻头套；3-钥匙；4-环形螺母；5-卡爪

图6-1-10 钻夹头

(1)作用:夹持直柄钻头。

(2)结构和工作原理:夹头体1上端有一个锥孔,用来与相同锥度的夹头柄紧配,钻夹头中装有三个卡爪5,用来夹紧钻头的直柄。当钻头套2旋转带动内部环形螺母4转动,从而带动三个卡爪5伸出或缩进,伸出时夹紧钻头,缩进时松开钻头。

2. 钻头套

(1)作用:夹持锥柄钻头。

(2)种类:分为1~5号钻头套(钻头套的号数即为其内锥孔的莫氏锥度号数)。

(3)选用:根据钻头锥柄的莫氏锥度号数,选用相应的钻头套。

(4)应用:较小的钻头柄装到钻床主轴较大的锥孔内时,就要用钻头套来连接。当较小的钻头柄装到钻床主轴较大的锥孔内时可用几个钻头套连接起来应用,但这样装拆比较麻烦且钻床主轴与钻头轴线同轴度也较差,在这种情况下可以采用特制的钻头套。

3. 快换钻夹头

(1)应用:在同一工件上钻削不同直径的孔。

(2)结构和工作原理(图6-1-11)。

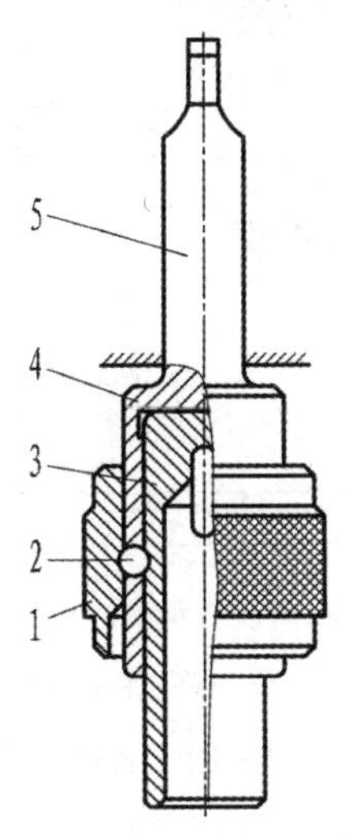

1-滑套;2-钢球;3-快换钻套;4-弹簧环;5-莫氏锥柄

图6-1-11 快换钻夹头

夹头体的莫氏锥柄5装在钻床的主轴孔内。快换钻套3根据加工的需要备有多个,在快换钻套3的外表面上有两个凹坑,钢球2嵌入凹坑时,便可以传递动力。滑套1的内孔与夹具体装配。当需要换钻头时可以不停机器,只要用手握住滑套1向上推,两粒钢球2就会因受离心力而贴于滑套1的下部大孔表面。这时可以用另一只手把快换钻套3向下拉出，然后把装有另一个钻头的钻套快换插入，放下滑套1，两粒钢球2就会被重新压入快换钻套的凹坑内，于是就带动钻头旋转（滑套1的上下滑动的位置由弹簧环4来限制）。

三、钻床

常用的钻床有台式钻床、立式钻床和摇臂钻床三种。

1. 台式钻床

台式钻床简称台钻，如图6-1-12所示，是一种在工作台上作业的Z512型钻床，其钻孔直径一般在13 mm以下。由于加工的孔径较小，故台钻的主轴转速一般较高，最高可达10000 r/min，最低也在400 r/min左右。主轴的转速可用改变三角胶带在带轮上的位置来调节。台钻的主轴进给由转动走刀手柄实现。在进行钻孔前，需根据工件高低调整工作台与主轴架间的距离，并锁紧固定。台钻小巧灵活，使用方便，结构简单，主要用于加工小型工件上的各种小孔。它在仪表制造、钳工和装配中用得较多 。

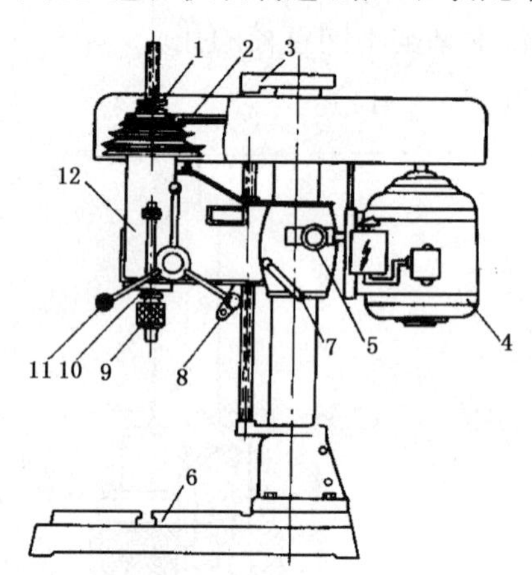

1-塔轮；2-三角胶带；3-丝杆架；4-电动机；5-滚花螺钉；6-工作台；7-紧固手柄；8-升降手柄；9-钻夹头；10-主轴；11-走刀手柄；12-头架

图6-1-12　Z512型台钻

2. 立式台钻(图6-1-13和图6-1-14)

立式台钻简称立钻，其规格用最大钻孔直径表示。与台钻相比，立钻刚性好、功率大，因而允许钻削较大的孔，生产率较高，加工精度也较高。立钻适用于单件、小批量生产中加工中、小型零件。

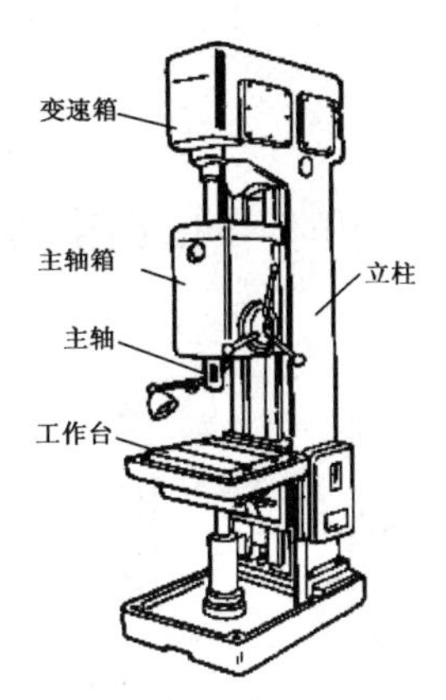

图6-1-13 立式台钻

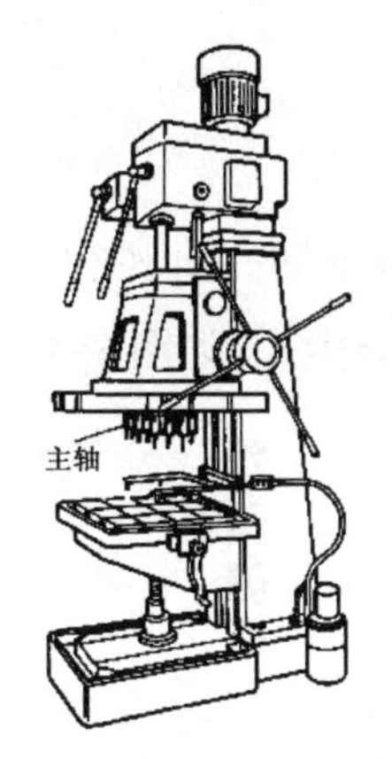

图6-1-14 多轴立式台钻

3.电钻

电钻是一种手持的钻孔工具,适用于大的工件或在工件的某些特殊位置上钻孔。常用的电钻有手枪式和手提式两种形式,如图6-1-15和图6-1-16所示。

图6-1-15 手枪式电钻

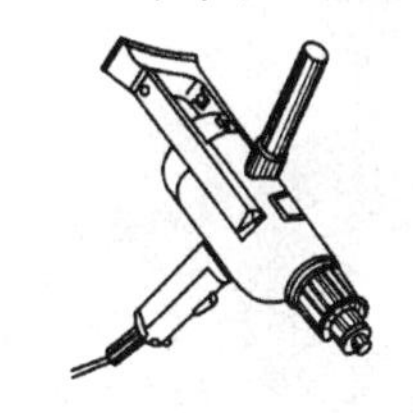

图6-1-16 手提式电钻

4.摇臂钻床

摇臂钻床有一个能绕立柱旋转的摇臂,摇臂带着主轴箱可沿立柱垂直移动,同时主轴箱还能随摇臂做横向移动。因此,操作时能很方便地调整刀具的位置,以对准被加工孔的中心,而不需移动工件来进行加工。摇臂钻床适用于笨重的大工件以及多孔工件的加工,如图6-1-17所示。

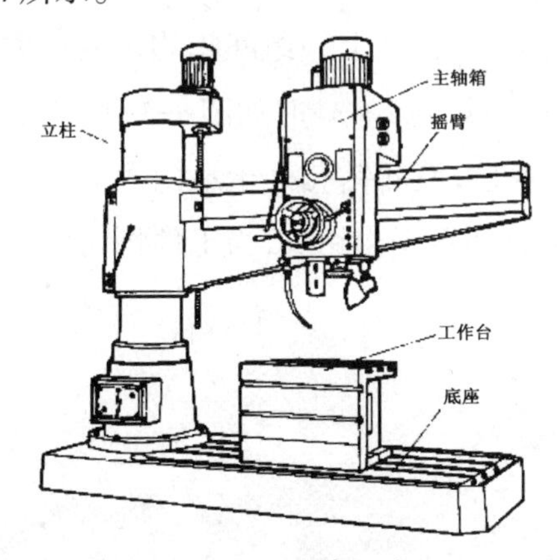

图6-1-17 摇臂钻床

四、钻孔

1. 夹持工件

钻孔时，应根据钻孔直径和工件形状及大小的不同，采用合适的夹持方法，以确保钻孔质量及安全生产，如图6-1-18所示。

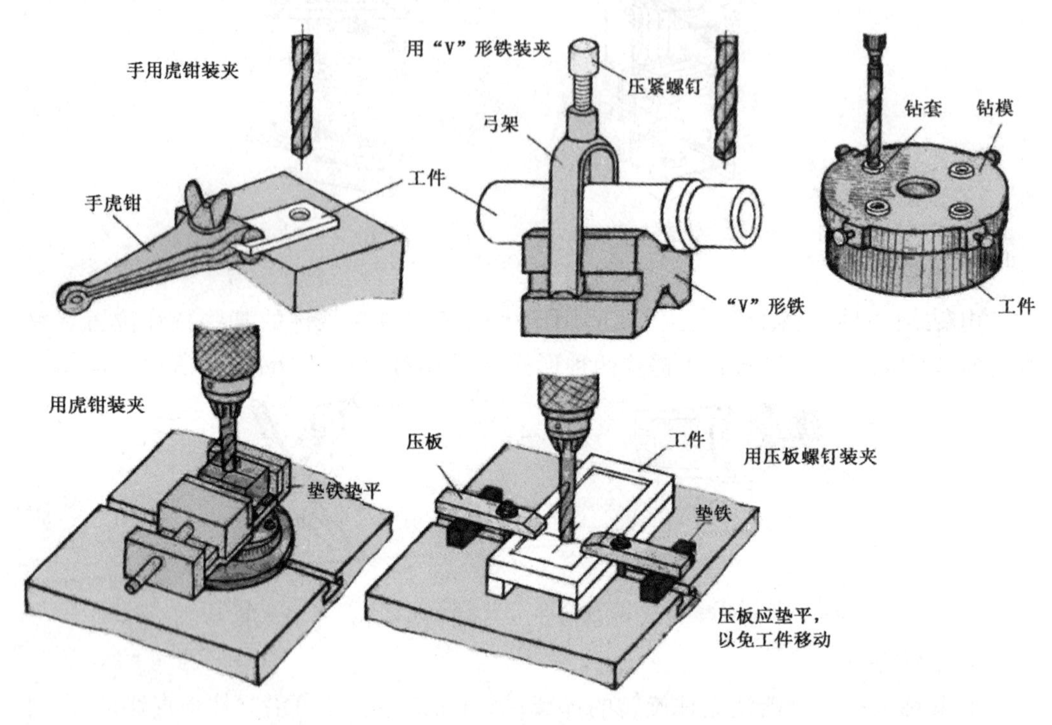

图6-1-18　工件的夹持方法

2. 钻孔方法及步骤

(1)在工件上划孔的加工界线：先划"十"字中心线，并打好样冲眼，按孔的大小划好圆周线；同时对较大直径的孔划上一组间隔均匀的正方形或圆。最大尺寸在孔径左右间隔距离2 mm左右，通常划2～3圈，如图6-1-19所示。

起钻时注意两方向观察，使起钻孔处于最内圈的圆或方框两方向中间位置。钻削进给时用力均匀，并经常注意退出钻头，当工件将钻穿时注意进给力要小。

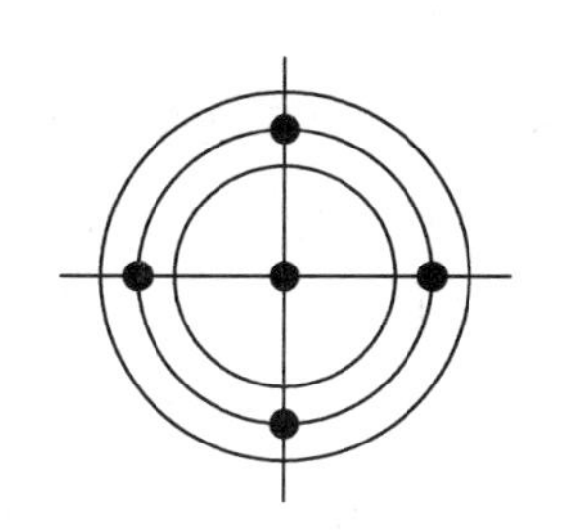

图6-1-19 划孔的加工界线

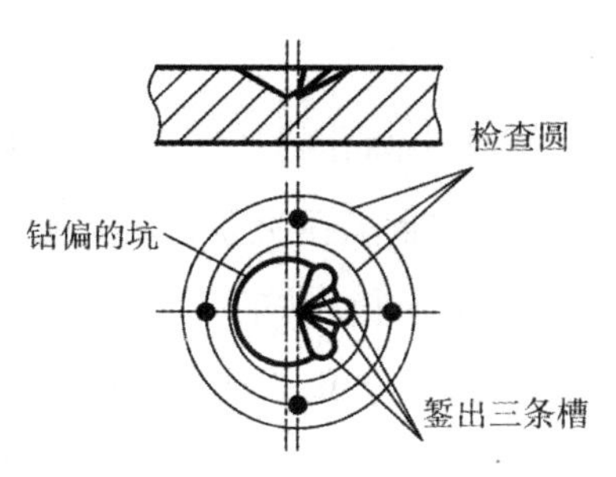

图6-1-20 起钻歪斜的修正

(2)试钻。

起钻的位置是否正确,直接影响到孔的加工质量。起钻前先把钻尖对准孔中心,然后启动主轴先试钻一浅坑,看所钻的锥坑是否与所划的圆周线同心,如果同心可以继续钻下去,如果不同心,则要修正之后再钻。

(3)修正。

当发现所钻的锥坑与所划的圆周线不同心时,应及时修正。一般靠移动工件的位置来修正。当在摇臂钻床上钻孔时,要移动钻床的主轴。如果偏移量较多,也可以用样冲或油槽錾在需要多钻去材料的部位錾上几条槽,以减少此处的切削阻力而让钻头偏过来,达到修正的目的。如图6-1-20所示。

(4)限位限速。

当钻通孔即将钻通时,必须减少进给量,如果原来采用自动进给,此时最好改成手动进给。因为当钻尖刚钻穿工件材料时,轴向阻力突然减小,由于钻床进给机构的间隙和弹性变形突然恢复,将使钻头以很大的进给量自动切入,以造成钻头折断或钻孔质量降低等现象。

如果钻不通孔,可按孔的深度调整挡块,并通过测量实际尺寸来检查挡块的高度是否准确。

(5)直径超过30 mm的大孔可分两次切削。

先用0.5~0.7倍的钻头钻孔,然后再用所需孔径的钻头扩孔。这样可以减少轴向力,保护机床钻头,又能提高钻孔的质量。

(6)深孔的钻削要注意排屑。

一般当钻进的深度达到直径的3倍时,钻头就要退出排屑。且每钻进一定的深度,钻头就要退刀排屑一次,以免钻头因切屑阻塞而扭断。

(7)钻半圆孔的方法。

①相同材料的半圆孔的钻法:当相同材质的两工件边缘需要钻半圆孔时,可以把两个工件合起来,用台虎钳夹紧。若只需要做一件,可以用一块相同的材料与工件合并在一起在台虎钳内进行钻削。

②不同材料的半圆孔的钻法:在两件不同材质的工件上钻骑缝孔时,可以采用“借料”的方法来完成。即钻孔的孔中心样冲眼要打在略偏向硬材料的一边,以抵消因阻力小而引起的钻头的偏移量。

(8)在斜面上钻孔。

方法一:先用立铣刀在斜面上铣出一个水平面,然后再钻孔。

方法二:用錾子在斜面上錾出一个小平面后,先用中心钻钻出一个较大的锥坑(或用小钻头钻出一个浅坑)再钻孔。

(9)钻削时的冷却润滑。

钻削钢件时常用机油或乳化液润滑,钻削铝件时常用乳化液或煤油润滑,钻削铸铁件时常用煤油润滑。

五、钻孔时的安全文明生产

(1)钻孔前要清理工作台,如使用的刀具、量具和其他物品不应放在工作台面上。

(2)钻孔前要夹紧工件,钻通孔时要垫垫块或使钻头对准工作台的沟槽,防止钻头损坏工作台。

(3)通孔快要被钻穿时,要减小进给量,以防止产生事故。因为快要钻通工件时,轴向阻力突然消失,钻头走刀机构恢复弹性变形,会突然使进给量增大。

(4)松紧钻夹头应在停车后进行,且要用“钥匙”来松紧而不能敲击。当钻头要从钻头套中退出时需要敲击。

(5)钻床要变速时,必须要停车后变速。

(6)钻孔时,应该戴安全帽,而手套不可戴,以免被高速旋转的钻头造成伤害。

(7)切屑的清除应用刷子扫而不可用嘴吹,以防止切屑飞入眼中。

任务评价

对钳口铁的钻孔情况，根据表6-1-3中的标准进行评价。

表6-1-3 钳口铁钻孔情况评价表

评价内容	评价标准	分值	学生自评	教师评估
准备工作	准备充分	5分		
工具的识别	正确识别工具	10分		
划针的使用	正确使用	10分		
划规的使用	正确使用	10分		
样冲的使用	正确使用	10分		
麻花钻的刃磨	正确	10分		
钻孔	达到要求	25分		
安全文明生产	没有违反安全操作规程	5分		
情感评价	按要求做	15分		
学习体会				

一、填空题（每题10分，共50分）

1.钻孔是用麻花钻在______上加工出孔的操作。

2.在钻床上钻孔时，钻头应同时完成______和轴头的轴向进给的两个运动。

3.麻花钻由柄部、______、工作部分组成。

4.标准麻花钻的顶角一般为______________。

5.台式钻床简称台钻，其钻孔直径一般在__________以下。

二、判断题（每题10分，共50分）

1.钻孔的加工精度一般在IT10级以上，表面粗糙度 Ra 为12.5 μm左右。 （ ）

2.直径超过30 mm的大孔可分两次切削：先用0.5 ~ 0.7倍的钻头钻孔。 （ ）

3.钻削铸铁件时常用煤油润滑。 （ ）

4.麻花钻的顶角 $2\varphi<118^\circ$ 时主切削刃呈外凸形。 （ ）

5.钻削进给时用力均匀，并经常注意退出钻头，其目的是断屑和排屑。 （ ）

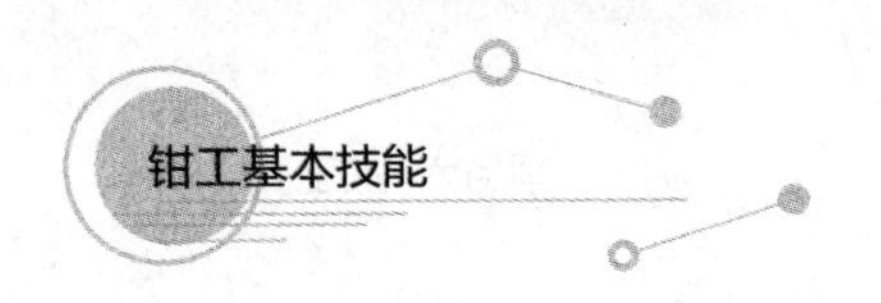

任务二　锪、扩、铰钳口铁工件的孔

任务目标

(1)能根据孔的技术要求,正确选择各种孔加工设备。

(2)学会进行锪孔、扩孔、铰孔操作。

(3)掌握孔加工的安全操作规程。

任务分析

本任务的主要内容是紧接着任务一,继续完成孔加工。利用锪孔钻对孔进行锪孔,用扩孔钻对孔进行扩孔,用铰刀进行铰孔的操作。如图6-2-1所示。

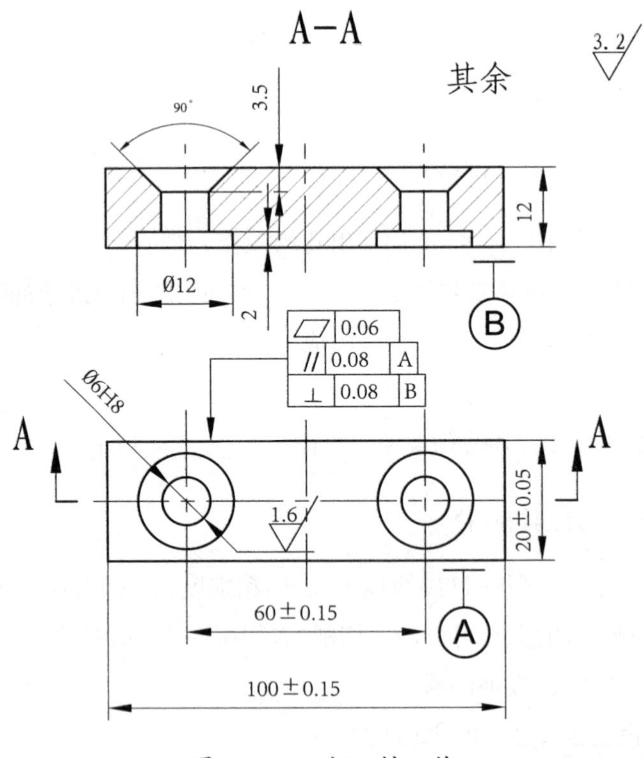

图 6-2-1　钳口铁工件

在完成钻孔的基础上，把孔扩大，并提高孔的加工精度，满足工件的技术要求。

任务实施

一、工具、量具的准备

钳口铁孔加工的工具、量具准备清单见表6-2-1。

表6-2-1　工具、量具准备清单

序号	名称	规格	数量
1	高度游标卡尺	0～300 mm	1把/组
2	游标卡尺	1～125 mm	1把/组
3	千分尺	0～25 mm	1把/组
4	样冲		1支/组
5	锤子	0.5 kg	1把/组
6	宽座角尺	100 mm×6 3mm	1把/组
7	划线平板	70 mm×70 mm	1个/组
8	划针		1支/组
9	划规		1支/组
10	挡块（"V"形铁）		1个/组
11	大锉刀	300 mm	1把/人
12	中锉刀	200 mm	1把/人
13	砂布		1张/人
14	手锯		1把/人
15	锯条	300 mm	2根/人
16	麻花钻	ϕ5.8 mm	1支/组
17	麻花钻	ϕ12 mm	1支/组
18	柱形锪孔钻	ϕ12 mm	1套/组
19	锥形锪孔钻	90°	1支/组
20	铰刀	ϕ6 mm	1支/组

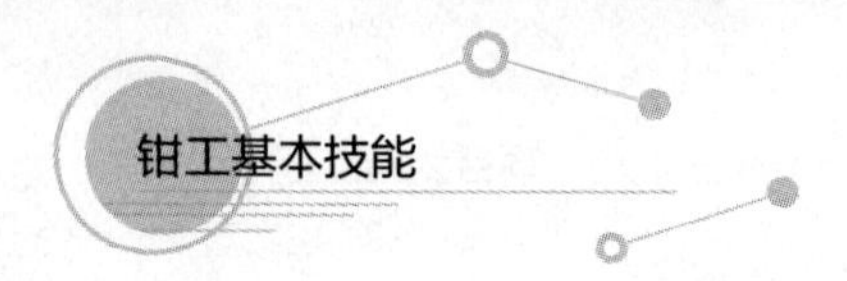

二、钳口铁的加工工艺

接项目六任务一继续加工，将在钳口铁上扩孔、锪孔、铰孔，其具体加工工艺过程见表6-2-2。

表6-2-2　钳口铁的加工工艺

步骤	工艺方法	工艺步骤图
孔口倒角	用ϕ12 mm的麻花钻进行孔口倒角1 mm，用钻床深度尺控制起始位置（注意起点时，可停车用麻花钻接触起点记下深度位置，用彩色粉笔做好标记），结合游标卡尺深度尺检查	A-A 1 12 1 A A 20±0.05 60±0.15 100±0.15
锪孔	用90°锥形锪孔钻和ϕ12 mm柱形锪孔钻锪孔，深度用钻床深度尺控制起始位置（注意起点时，可停车用麻花钻接触起点记下深度位置，用彩色粉笔做好标记），结合游标卡尺深度尺检查	A-A 其余 3.2 90° 3.5 12 Ø12 2 Ø6H8 A A 1.6 20±0.05 60±0.15 100±0.15
铰孔	用ϕ6 mm铰刀铰孔，铰孔时加少量机油，要一铰到底，不可反转	

上面已介绍了钳口铁加工工艺，接钻孔任务后，进行倒角、锪孔、铰孔时如何保证质量，下面来做一做，看谁做得又好又快。

每位同学接上次钻孔的任务，继续完成，按图样加工出零件，如图6-2-1所示。先自己评价，然后请其他同学评价，最后教师评价。

一、锪孔

1. 锪孔的定义

用锪削的方法在孔口表面用锪钻加工出一定形状的孔的加工方法叫锪孔。

2. 锪孔的类型

锪孔的类型主要有：圆柱形沉孔、圆锥形沉孔及锪孔口的凸台面，如图6-2-2所示。

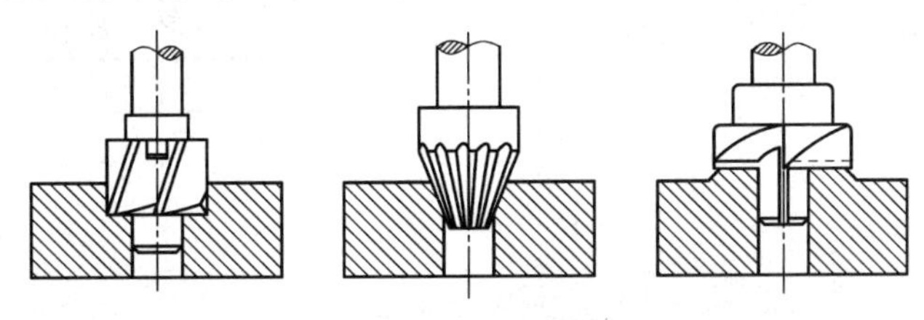

图6-2-2 锪孔类型

3. 锪孔的目的

锪孔是为了保证孔与连接件具有准确的相对位置，使连接可靠。

4. 锪钻的种类及作用

锪钻的种类：柱型锪钻、锥型锪钻、端面锪钻。

(1)柱型锪钻。其作用是作为锪圆柱形沉孔的锪钻。

(2)锥型锪钻。其作用是作为锪锥型埋头孔的锪钻。

(3)端面锪钻。其作用是作为锪平孔口端面的锪钻。

二、扩孔

扩孔是用以扩大已加工(铸出、锻出或钻出的孔)出的孔的方法,它还可以校正孔轴线偏差,并使其获得正确的几何形状和较小的表面粗糙度;其加工精度一般为IT9~IT10级,表面粗糙度 Ra 为3.2~6.3 μm。扩孔的加工余量一般为0.2~4 mm。

钻孔时钻头的所有刀刃都参与工作,切削阻力非常大,特别是钻头的横刃为负的前角,而且横刃对线总有不对称,由此引起钻头的摆动,所以钻孔精度很低,扩孔时只有最外周的刀刃参与切削,阻力大大减小,而且由于没有横刃,钻头可以浮动定心,所以扩孔的精度远远高于钻孔。

扩孔时也可用钻头扩孔,但当孔精度要求较高时常用扩孔钻扩孔,如图6-2-3所示。扩孔钻的形状与钻头相似,不同的是扩孔钻有3~4个切削刃,且没有横刃,其顶端是平的,螺旋槽较浅,故钻芯粗实、刚性好,不易变形,导向性好。

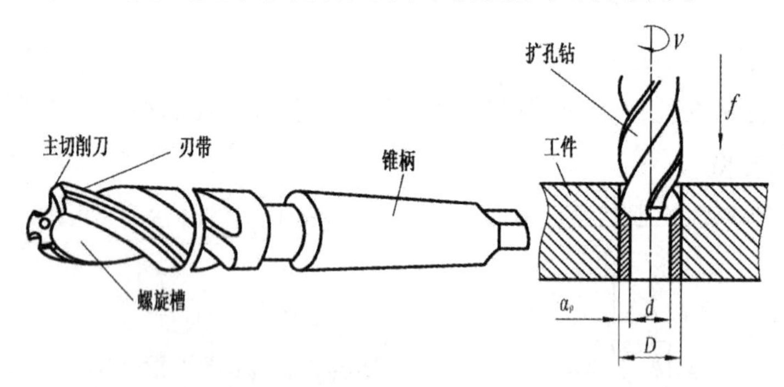

图6-2-3　扩孔钻

三、铰孔

铰孔是铰刀从工件壁上切除微量金属层,以提高孔的尺寸精度和表面质量的加工方法。铰孔是应用较普遍的孔的精加工方法之一,其加工精度可达IT6~IT7级,表面粗糙度 Ra 为0.4~0.8 μm。

1. 铰刀

铰刀是多刃切削刀具,有4~12个切削刃和较小顶角。铰孔时导向性好。铰刀刀齿的齿槽很宽,铰刀的横截面大,因此刚性好。铰孔因为余量很小,每个切削刃上的负荷都小于扩孔时的负荷,切削速度很低,不会受到切削热和震动的影响,因此加工孔的质量较高。

铰刀按照铰孔的形状分为圆柱铰刀、圆锥铰刀两种；按使用方法分为手用铰刀和机用铰刀两种，如图6-2-4、图6-2-5所示。手用铰刀顶角比机用铰刀的小，其柄为直柄(机用铰刀为锥柄)。铰刀的工作部分有切削部分和修光部分组成。

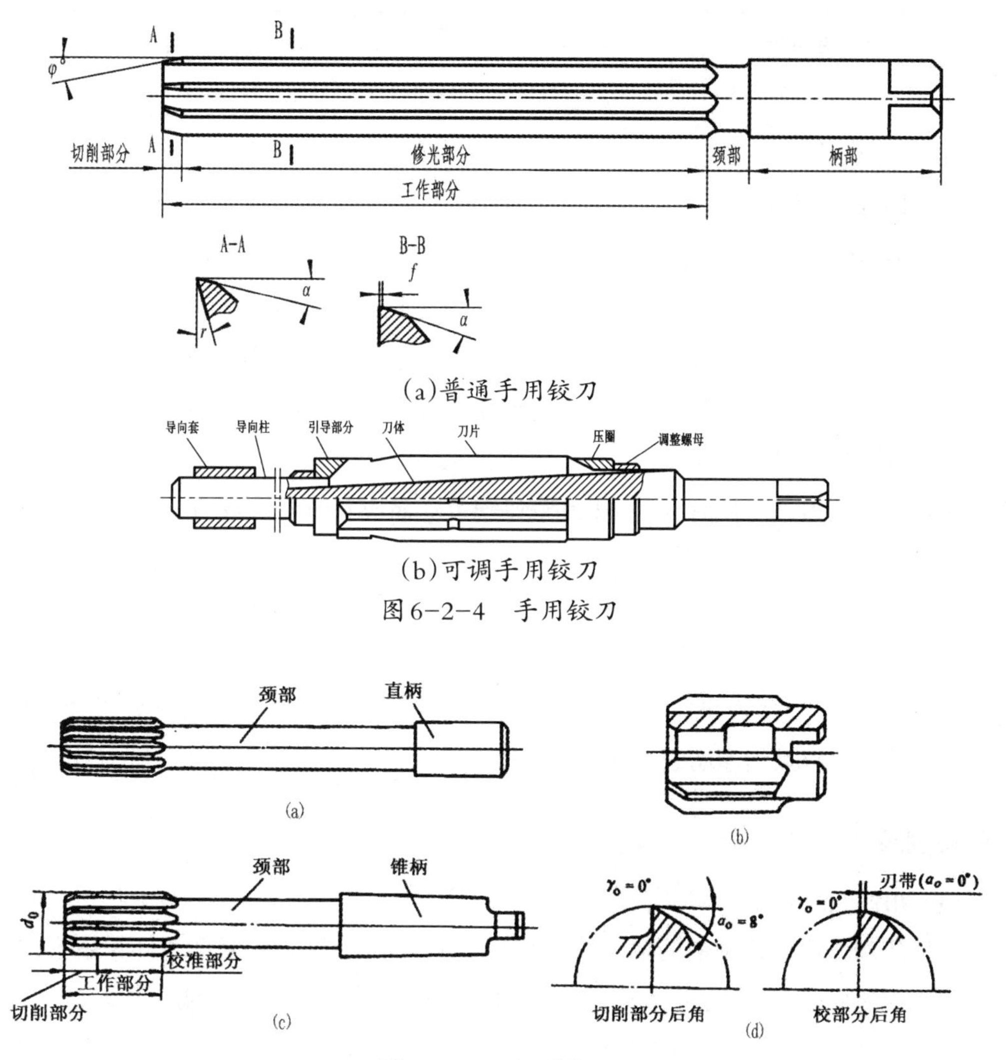

(a)普通手用铰刀

(b)可调手用铰刀

图6-2-4　手用铰刀

图6-2-5　机用铰刀

铰孔时不能倒转，否则切屑会卡在孔壁和切削刃之间，使孔壁划伤或切削刃崩裂。

铰孔时常用适当的冷却液降低刀具和工件的温度，同时可防止产生积屑瘤，并减少切削屑细末黏附在铰刀和孔壁上，从而提高孔的质量。

标准铰刀有4～12齿。铰刀的齿数除与铰刀直径有关外，主要根据加工精度的要求来选择。齿数过多，刀具的制造、修磨都比较麻烦，而且会因齿间容屑槽减小导致切屑堵塞、划伤孔壁甚至折断铰刀的后果。齿数过少,则铰削时的稳定性差,刀齿的切削负荷增大,切容易产生几何形状误差。铰刀齿数可参照表6-2-3选择。

表6-2-3　铰刀齿数选择

铰刀直径/mm		1.5～3	3～14	14～40	>40
齿数	一般加工精度	4	4	6	8
	高加工精度	4	6	8	10～12

2.铰孔的工作要领

(1)装夹要可靠,将工件夹紧、夹正,对薄壁零件,要防止夹紧力过大而将孔夹扁。

(2)手铰时,两手用力要平衡、均匀、稳定,以免在孔的进口处出现喇叭孔或孔径扩大;进给时,不要猛力推压铰刀,而应一边旋转,一边轻轻加压,否则孔表面会很粗糙。

(3)铰刀只能顺转,否则切屑卡在孔壁和刀齿后刀面之间,既会将孔壁拉毛,又易使铰刀磨损,甚至崩裂切削刃。

(4)当手铰刀被卡住时,不要猛力搬转铰手。而应及时取出铰刀,清除切屑,检查铰刀后再继续缓慢进给。

(5)机铰退刀时,应先退刀后再停车。铰通孔时,铰刀的标准部分不要全部出头,以防止孔的下端被刮坏。

(6)机铰时,要注意机床主轴、铰刀、待铰孔三者的同轴度是否符合要求,对高精度孔,必要时可以采用浮动铰刀夹头装夹铰刀。

四、切削液

1.切削液的作用

(1)冷却作用。切削液的输入能吸附和带走大量的切削热,降低工件和钻头的温度,限制积屑瘤的产生,防止已加工表面硬化,减少因受热变形产生的尺寸误差。

(2)润滑作用。由于切削液能渗透到工件与钻头的切削部分形成有吸附性的油膜,起到减小摩擦的作用,从而降低了钻削阻力和钻削温度,使切削性能及钻孔质量得到提高。

(3)内润滑作用。切削液能渗透到金属的细微裂缝中,起到润滑作用,减小了材料的变形抗力,从而使钻削更省力。

(4)洗涤作用。流动的切削液能冲走切屑,避免切屑划伤已加工的表面。

2. 切削液的种类

(1)乳化液。

作用:主要起冷却作用。

特点:比热容大,黏度小,流动性好,可以吸收大量的热量。

应用:主要用于钢、铜、铝合金的钻孔。

(2)切削油(矿物油、植物油、复合油)。

作用:主要起润滑作用。

特点:比热容小,黏度大,散热效果差。

应用:主要用来减小被加工表面的粗糙度或减少积屑瘤的产生。

3. 切削液的选择

(1)一般情况下钻孔属于粗加工,散热困难。选择切削液时,应以散热为主要目的,选择以冷却为主的切削液,以提高钻头的切削性能和耐用度。

(2)在钻削高强度材料时要求润滑膜有足够的强度。

(3)在塑性、韧性较大的材料上钻孔时,要求加强润滑作用。

(4)被加工孔的精度要求较高、表面粗糙度要求较小时,选用主要起润滑作用的切削液。

(5)被加工材料为铸铁时,若要求较高,选用煤油。

五、群钻

1. 标准群钻

标准群钻主要用来钻削钢材,它的结构特点是在标准麻花钻上磨出月牙槽、修磨横刃和磨出单面分屑槽。月牙槽把主切削刃分成外刃、圆弧刃、内刃,利于断屑、排屑,减小切削阻力。如图6-2-6所示。

修磨标准群钻的口诀:

三尖七刃锐当先,月牙弧槽分两边。

一侧外刃开屑槽,横刃磨低窄又尖。

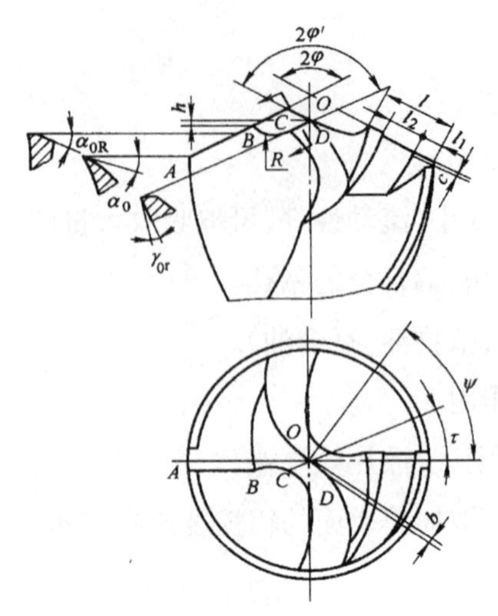

图6-2-6　标准群钻

2. 其他群钻

(1)薄板群钻。

用标准钻头钻薄板时,由于钻心钻穿工件后,立即失去定心作用且轴向阻力突然减小,易带动工件弹动,使钻出的孔不圆、有毛边,常产生扎刀或钻头折断现象。

将麻花钻的两条切削刃磨成弧形,这样两条切削刃的外缘和钻心处就形成了3个刀尖。这样钻薄板时,钻心未钻穿,两切削刃的外刀尖已在工件上划出圆环槽,能起到良好的定心作用。如图6-2-7所示。

(2)钻削铸铁的群钻。

铸铁硬而脆,易产生崩脆切屑,加快钻头磨损。修磨铸铁钻主要是磨出二重顶角($2\varphi=70°$),较大的钻头磨出三重顶角,以增加耐磨性,同时可以把后角磨得大些,横刃磨得短些,如图6-2-8所示。

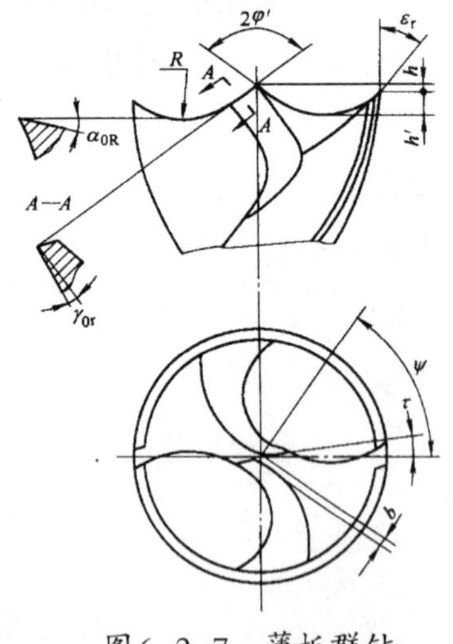

图6-2-7　薄板群钻

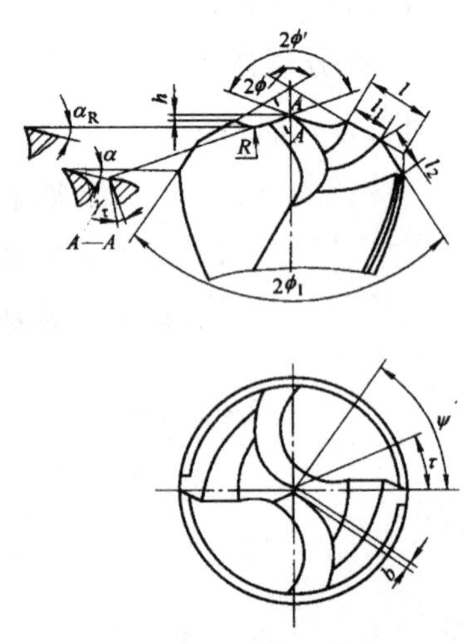

图6-2-8　铸铁群钻

(3)钻削纯铜的群钻。

纯铜材质软、塑性好、强度低,易产生带状切屑,导致孔不圆、粗糙、划痕、毛刺。

(4)钻削黄铜、青铜的群钻。

铸造黄铜、青铜的强度、硬度都较低,切削时抗力较小,会造成切削刃自动向下,钻穿时会使钻头崩刃、折断,孔出口钻坏,工件弹出。如图6-2-9所示。

(5)钻削铝、铝合金的群钻。

铝、铝合金材料强度、硬度低,塑性差,切削时抗力较小。切屑呈带状但断屑容易形成积屑瘤。如图6-2-10所示。

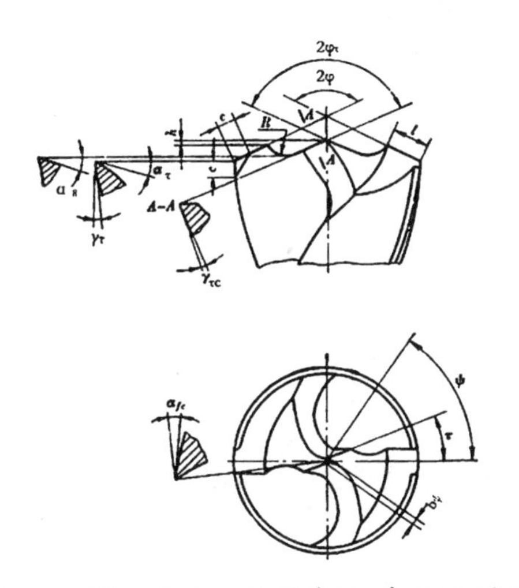

图6-2-9 钻削黄铜、青铜的群钻

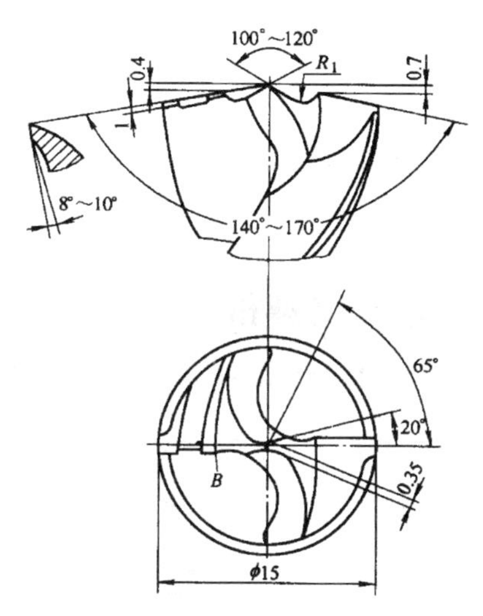

图6-2-10 钻削铝、铝合金的群钻

六、硬质合金钻头

硬质合金钻头是在麻花钻切削刃上嵌焊一块硬质合金刀片制成的,适用于钻削很硬的材料,如高锰钢和淬硬钢,也适用于高速钻削铸铁。常用硬质合金刀片的材料是YG8或YW2。

硬质合金钻头切削部分的几何参数一般是γ=0° ~ 5°,α=10° ~ 15° ,2φ=110° ~ 120°,ψ=77°,主切削刃磨成$R2\times0.3$的小圆弧。如图6-2-11所示。

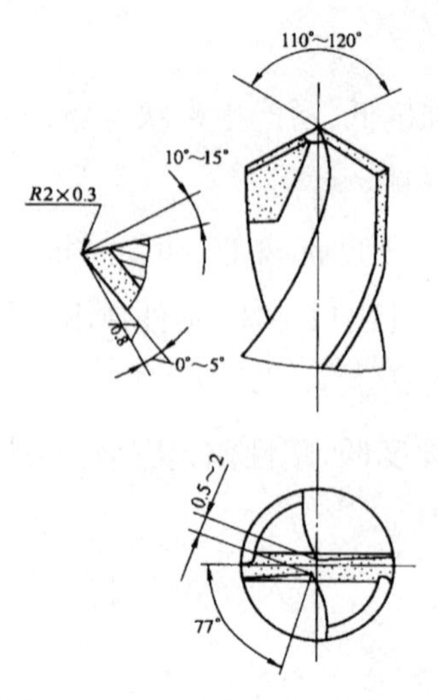

图6-2-11　硬质合金钻头

任务评价

对钳口铁锪、扩、铰孔的加工情况，根据表6-2-4中的标准进行评价。

表6-2-4　钳口铁锪、扩、铰孔加工情况评价表

评价内容	评价标准	分值	学生自评	教师评估
准备工作	准备充分	5分		
工具的识别	正确使用工具	5分		
划针的使用	正确使用	5分		
划规的使用	正确使用	5分		
样冲的使用	正确使用	5分		
麻花钻的刃磨	达到要求	10分		
钻孔	方法正确	10分		
扩孔	方法正确	15分		
锪孔	达到要求	5分		
铰孔	达到要求	15分		
安全文明生产	没有违反安全操作规程	5分		
情感评价	按要求做	15分		
学习体会				

一、填空题(每题10分,共50分)

1.锪孔的类型主要有:圆柱形沉孔、______及锪孔口的凸台面上加工出孔的操作。

2.铰孔是铰刀从工件壁上切除__________,以提高孔的尺寸精度和表面质量的加工方法。

3.乳化液主要起________________作用。

4.在两件不同材质的工件上钻骑缝孔时,钻孔的孔中心样冲眼要打在略偏向______________的一边。

5.电钻是一种____________的钻孔工具,适用于工件的某些特殊位置上钻孔。

二、判断题(每题10分,共50分)

1.铰孔时不能倒转,否则铁屑会卡在孔壁和切削刃之间,使孔壁划伤或切削刃崩裂。 (　　)

2.机铰退刀时,应先退刀后再停车。 (　　)

3.薄板群钻又称三尖钻,两切削刃外缘刃尖比钻心尖高0.5 ~ 1.5 mm。 (　　)

4.被加工材料为铸铁时,若要求较高,应选用煤油切削油进行冷却。 (　　)

5.扩孔时也可用钻头扩孔,但当孔精度要求较高时常用扩孔钻扩孔。 (　　)

项目七 加工螺纹

19世纪20年代,英国机床工业之父莫兹利,制造出世界上第一批加工螺纹用的丝锥和板牙。使得螺纹手工加工在生产中得到运用和普及,有力地促进了机械加工及维修技术的发展。

钳工加工螺纹的方式有两种:一种是用丝锥加工内螺纹称为攻丝,另一种是用圆板牙加工外螺纹称为套丝,如下图所示。攻丝和套丝在钳工加工中占有重要的地位,是钳工加工技能的一个重点,也是难点。

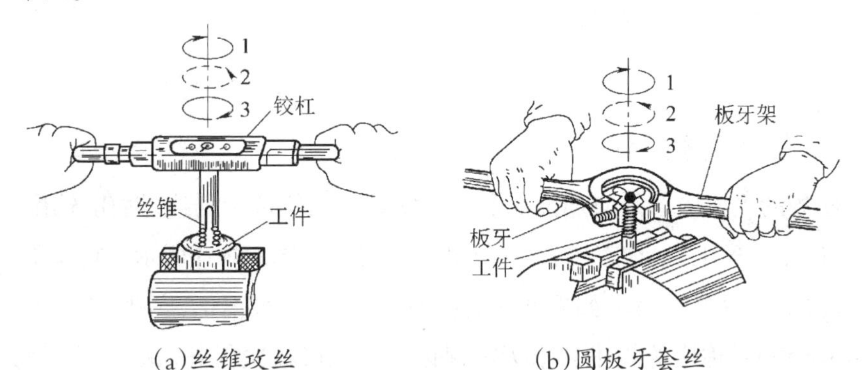

(a)丝锥攻丝　　(b)圆板牙套丝

螺纹加工

目标类型	目标要求
知识目标	(1)知道螺纹加工安全操作规程 (2)识别螺纹加工刀具(丝锥、板牙) (3)能正确地使用铰杠和板牙架等工具
技能目标	(1)能在遵守安全操作规程的前提下操作 (2)能正确地选用螺纹加工刀具(丝锥、板牙) (3)能识别丝锥、板牙螺距、类型和规格 (4)能加工出用环规和塞规检查合格的螺纹
情感目标	(1)能养成根据图纸要求自主安排加工工艺且有条不紊的工作习惯 (2)能在工作中和同学协作完成任务 (3)能意识到规范操作和安全作业的重要性

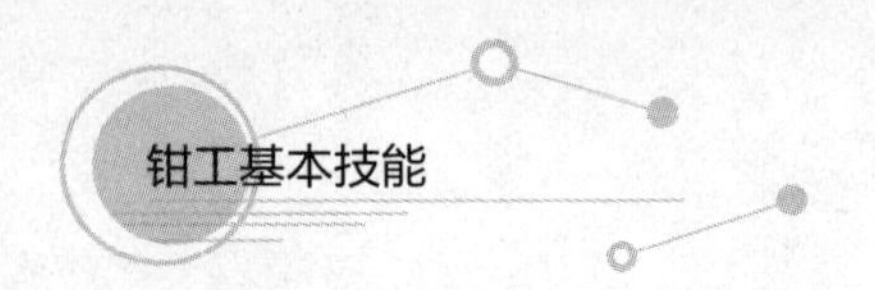

任务一　攻六角螺母的内螺纹

任务目标

(1)会使用攻丝工具。

(2)能识别丝锥类型。

(3)能正确进行内螺纹加工操作。

任务分析

本任务的主要内容是应用前面所学的知识和技能进行划线、钻孔、锉削。再结合本任务,使用攻丝工具,加工出合格的内螺纹工件,如图7-1-1所示。攻丝是一项技术要求较高的技能操作工作,如果划线精度不达标,样冲眼不正,底孔偏斜,就会造成六角螺母外形的对称度等技术要求无法保证。要完成这次任务需要工具:划针、划规、样冲、锤子、铰杠、麻花钻、丝锥、300 mm大锉刀、150 mm细齿锉刀等;量具:高度游标卡尺、游标卡尺、千分尺、万能游标量角器等。辅助工具:划线平板、挡块("V"形铁)。零件的材料为$\phi 12\times 9$ mm的圆钢一块,要求在划线平板上进行基本线条划线,钻床上进行底孔加工,最后在台虎钳上进行锉削和攻丝。达到外形美观,螺纹合格,表面粗糙度均匀,尺寸精度符合要求。

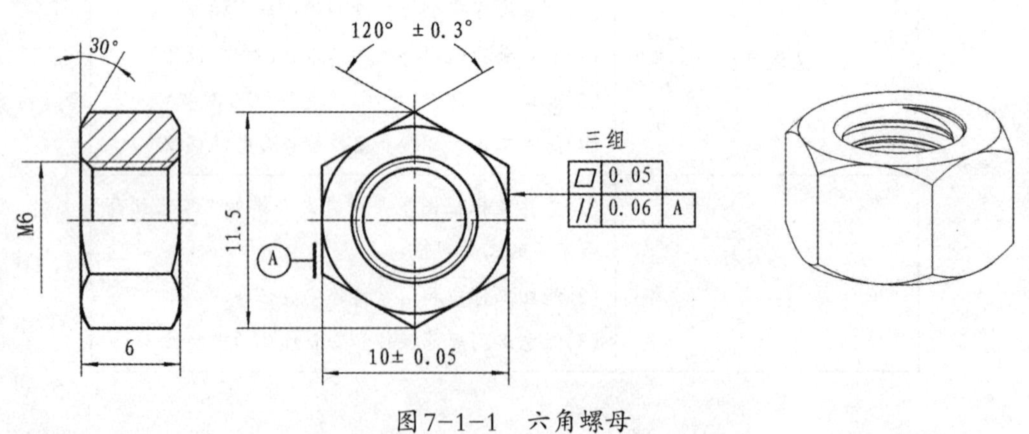

图7-1-1　六角螺母

任务实施

一、工具、量具的准备

表 7-1-1 工具、量具准备清单

序号	名称	规格	数量
1	高度游标卡尺	0～300 mm	1把/组
2	游标卡尺	0～150 mm	2把/组
3	千分尺	0～25 mm	2把/组
4	活络角尺		1把/组
5	万能游标量角器		1把/组
6	划线平板		1张/组
7	划针		1把/组
8	划规		1把/组
9	样冲		1把/组
10	锤子		1把/组
11	挡块（“V”形铁）		1只/组
12	麻花钻	ϕ5 mm/ϕ6.8 mm	各1只/组
13	麻花钻	ϕ8 mm/ϕ10 mm	各1只/组
14	丝锥	M6 mm/ M8 mm	各1套/组
15	铰杠		1只/组
16	普通铰杠		1只/组
17	大锉刀	300 mm	1把/人
18	细齿锉刀	150 mm	1把/人

二、螺母制作

1. 下料

用手锯锯割得到ϕ12×9 mm的圆钢两件。

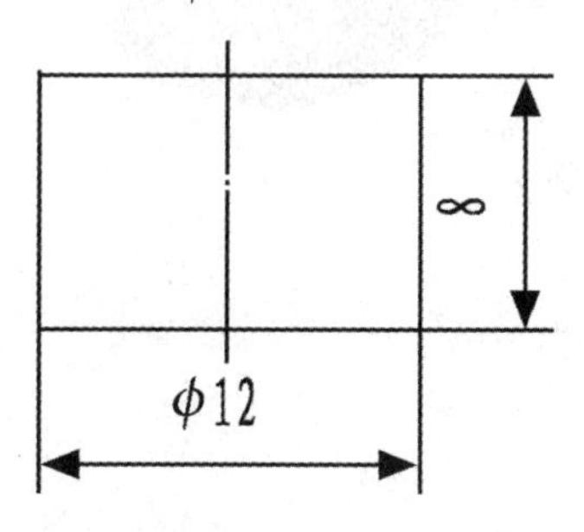

图 7-1-2 下料

2. 划线、打样冲眼

依据毛坯外圆为基准，用划规和角尺找正圆心，借助“V”形铁和高度游标卡尺，用划针和划规划出六边形和内切圆轮廓线。

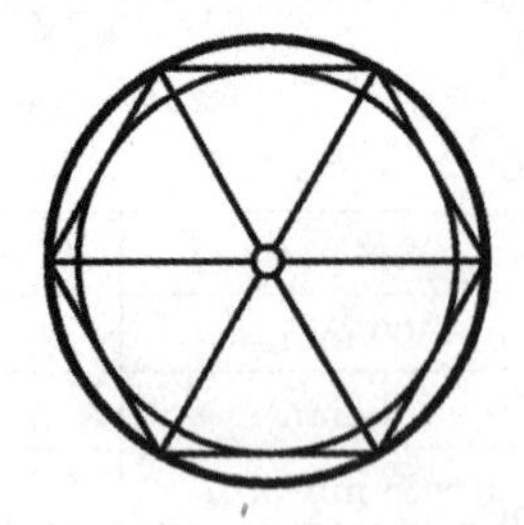
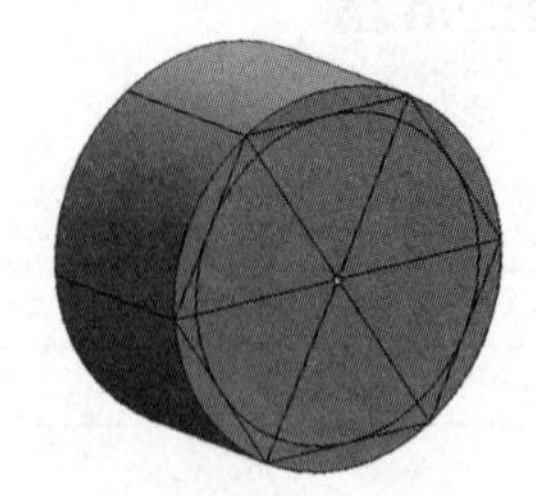

图 7-1-3　划线

3. 锉削第一面

根据划线基准线，用粗齿、细齿锉刀锉削出第一个表面，以尺寸 11 mm 为参考进行测量。注意达到平面度要求。

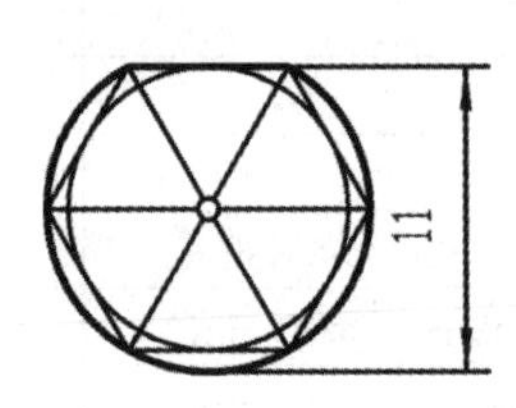

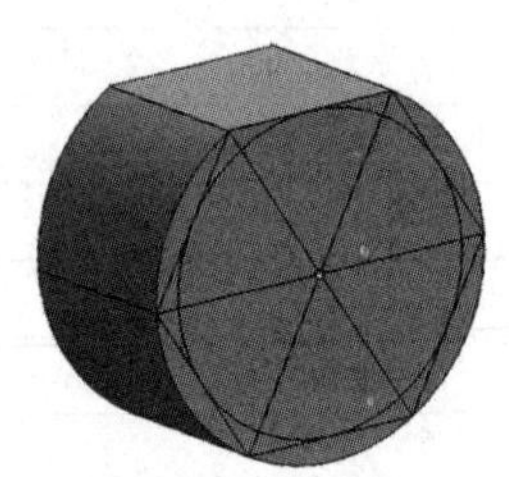

图 7-1-4　锉削第一面

4. 锉削第二面

根据第一个锉削面，用粗齿、细齿锉刀锉削出第二个表面，保证尺寸为 10±0.05mm。注意达到平面度 0.05 mm 和平行度 0.06 mm 要求。

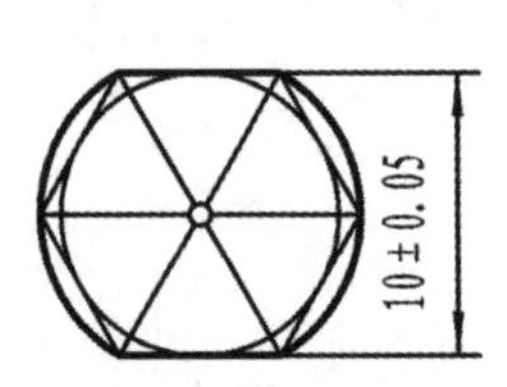

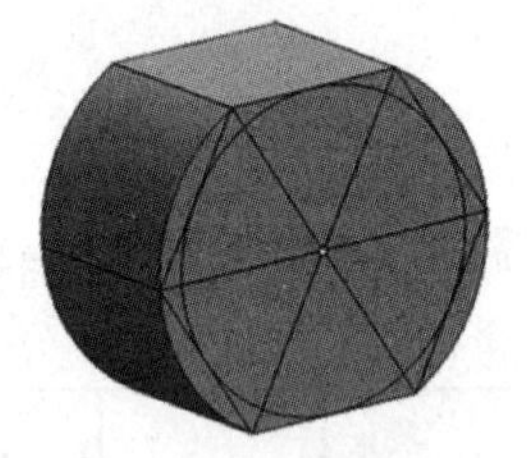

图 7-1-5　锉削第二面

5. 锉削第三面

根据第一个锉削基准面，用粗齿、细齿锉刀锉削出第三个表面，以尺寸11 mm为参考进行测量。注意达到平面度0.05 mm和角度120°±0.03°的要求，结合游标量角器或者活络角尺检查。

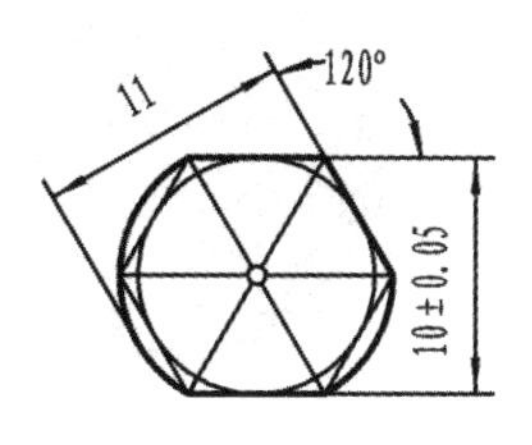

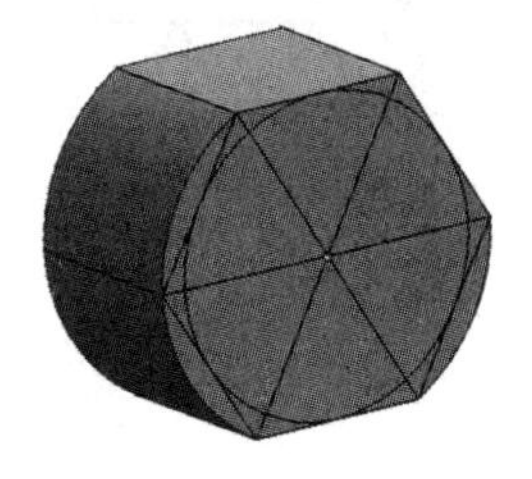

图7-1-6 锉削第三面

6. 锉削第四面

根据第二、三个锉削面，用粗齿、细齿锉刀锉削出第四个表面，以尺寸11 mm为参考进行测量。注意达到平面度0.05 mm和角度120°±0.03°的要求，结合游标量角器或者活络角尺检查。

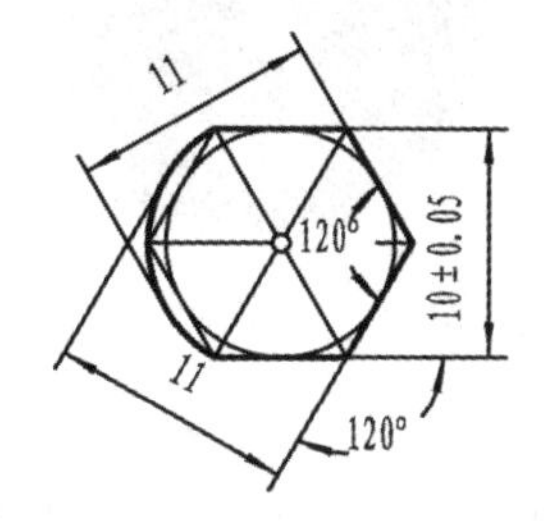

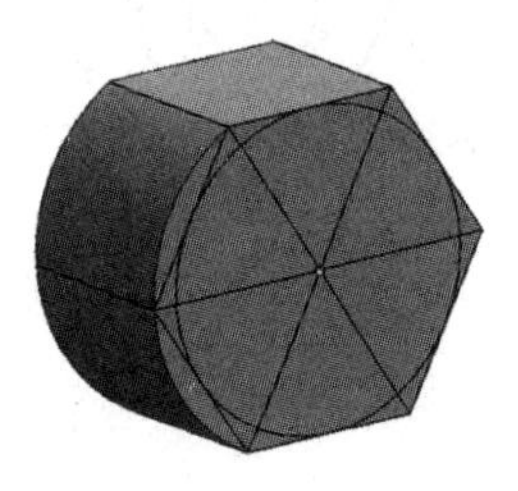

图7-1-7 锉削第四面

7. 锉削平行面

以第三、四个锉削面为基准，用粗齿、细齿锉刀锉削出第五，六个表面，保证尺寸10±0.05 mm。注意达到平面度0.05 mm、平行度0.06 mm和角度120°±0.03°的要求，结合万能游标量角器或者活络角尺检查。

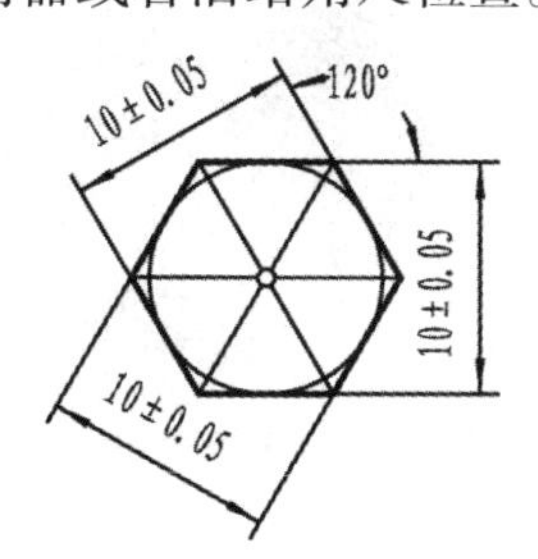

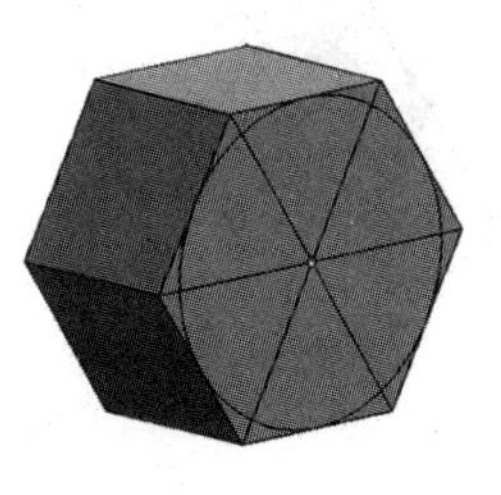

图7-1-8 锉削平行面

8. 钻底孔

以样冲眼为基准(注意检查,起钻一定要准确,否则调整困难;发现不准确,可以从另一面起钻)钻ϕ5 mm的底孔。

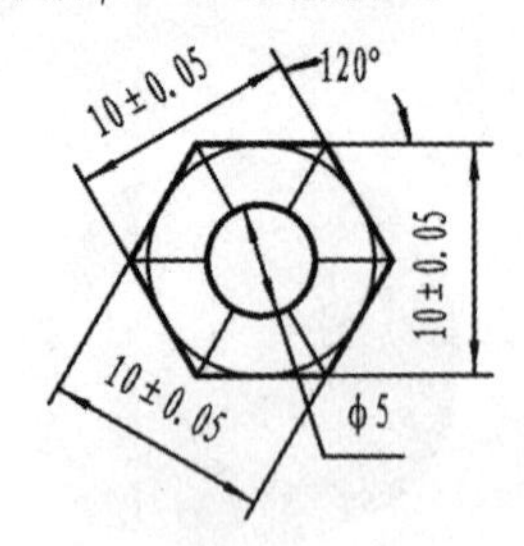

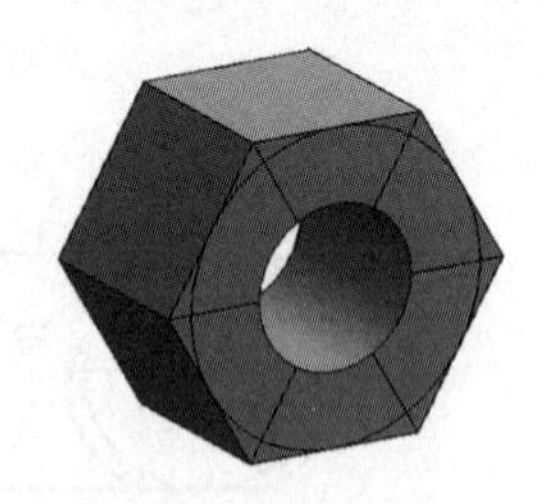

图7-1-9　钻底孔

9. 孔口倒角

用ϕ8 mm以上直径的钻头进行孔口倒角(注意要接近于ϕ7 mm)。

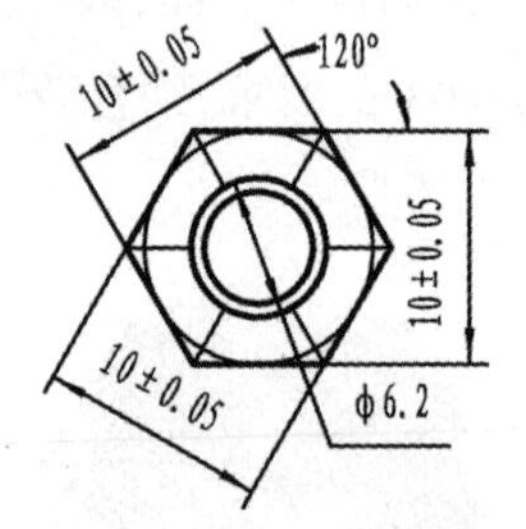

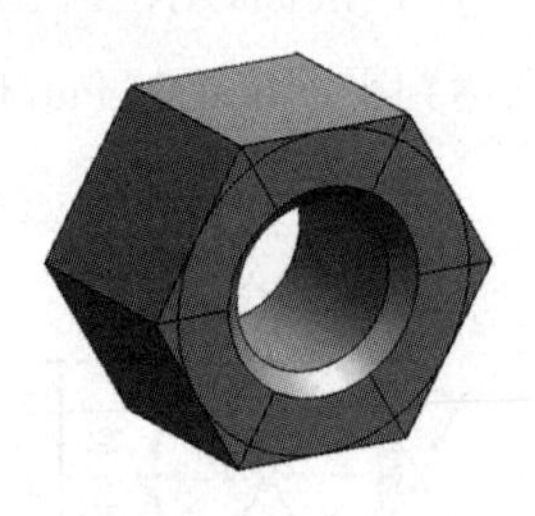

图7-1-10　孔口倒角

10. 攻丝

用M6的丝锥攻丝。可加少量机油,可用角尺从两个方向(角尺旋转90°)检查丝锥是否和孔口面垂直,避免牙型歪斜,注意用力均匀,防止断牙。正常攻丝后,要及时进行断屑动作处理。攻丝完毕,用标准的螺杆进行检查。要按头攻、二攻的顺序加工。

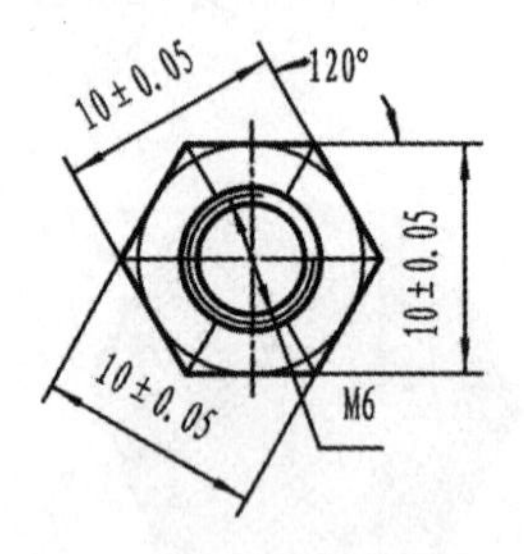

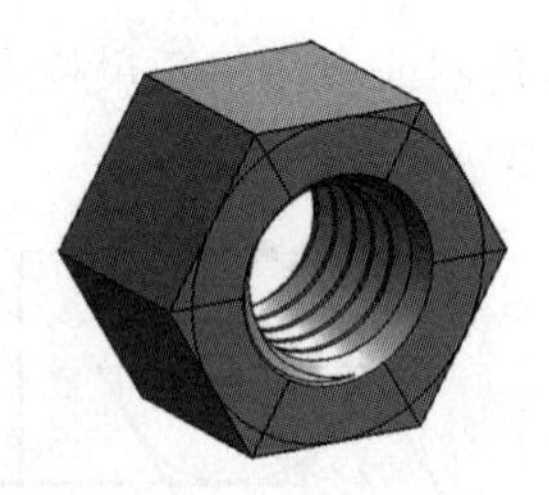

图7-1-11　攻丝

11.倒角、整形

用粗齿、细齿锉刀倒角，注意要按45°斜角将六条边倒成一个内切圆，再精修外形、抛光。

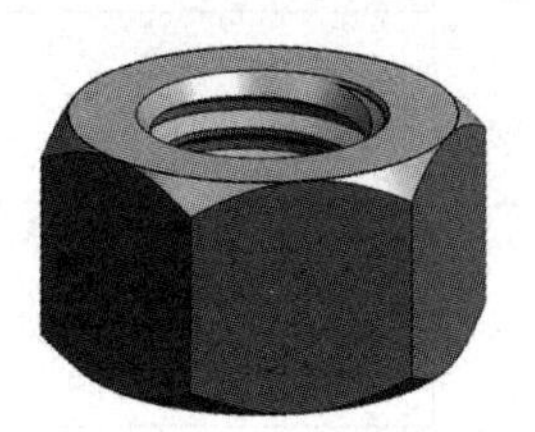

图7-1-12 倒角、整形

我们上面已学习了攻丝的相关知识和各种工具的使用方法，并进行了任务练习，下面来做一做另一规格的六角螺母的练习，如图7-1-13所示，看谁做得又好又快。

备料直径ϕ28×15 mm的圆钢，根据前面练习方法和工艺步骤(也可以自己制订工艺方法和步骤)，然后和其他同学互相评价，最后教师评定并计分。

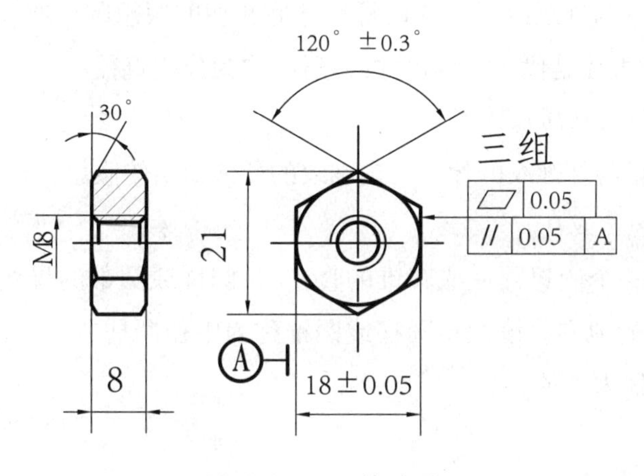

图7-1-13 练习图

一、螺纹的基本知识

1.螺纹的种类

螺纹的种类很多，有标准螺纹和非标准螺纹，其中以标准螺纹最常用，在标准螺

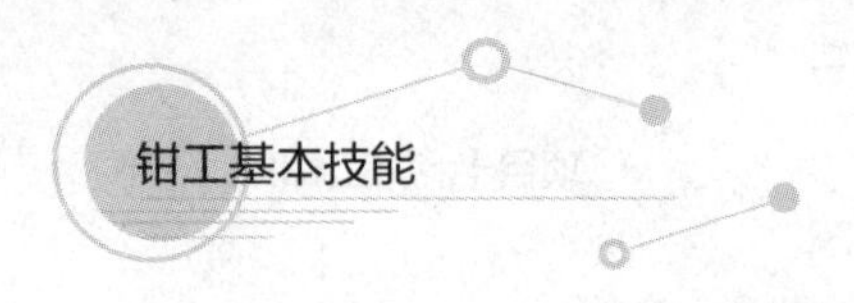

纹中，除管螺纹采用英制外，其他螺纹一般采用米制。标准螺纹的分类见表7-1-3。

表7-1-3　标准螺纹的分类

<table>
<tr><td rowspan="8">标准螺纹</td><td rowspan="2">普通螺纹</td><td colspan="2">粗牙普通螺纹</td></tr>
<tr><td colspan="2">细牙普通螺纹</td></tr>
<tr><td rowspan="4">管螺纹</td><td rowspan="3">用螺纹密封的管螺纹</td><td>圆锥内螺纹</td></tr>
<tr><td>圆锥外螺纹</td></tr>
<tr><td>圆柱内螺纹</td></tr>
<tr><td>非螺纹密封的管螺纹</td><td>圆柱管螺纹</td></tr>
<tr><td>梯形螺纹</td><td></td><td></td></tr>
<tr><td>锯齿形螺纹</td><td></td><td></td></tr>
</table>

2.螺纹主要参数的名称

(1)螺纹牙形。

螺纹牙形是指在通过螺纹轴线的剖面上螺纹的轮廓形状，常见的有三角形、梯形、锯齿形等。在螺纹牙形上，两相邻牙侧间的夹角为牙形角，牙形角有55°(英制)、60°、30°等。

(2)螺纹大径(d或D)。

螺纹大径是指与外螺纹牙顶或内螺纹牙底相切的假想圆柱或圆锥的直径。国标规定：米制螺纹的大径是代表螺纹尺寸的直径，称为公称直径。

(3)螺纹小径(d_1或D_1)。

螺纹小径是指与外螺纹的牙底与内螺纹的牙顶相切的假想圆柱或圆锥的直径。

(4)螺纹中径(d_2或D_2)。

螺纹中径是一个假想圆柱或圆锥的直径，该圆柱或圆锥的母线通过牙形上沟槽和凸起宽度相等的地方。该假想圆柱或圆锥称为中径圆柱或中径圆锥，中径圆柱或中径圆锥的直径称为中径。

(5)线数(n)。

螺纹线数是指一个圆柱表面上的螺旋线数目。它分单线螺纹、双线螺纹和多线螺纹。沿一条螺旋线所形成的螺纹为单线螺纹；沿两条或多条轴向等距离分布的螺旋线所形成的螺纹称为双线螺纹或多线螺纹。

(6)螺距(P)。

螺距是指相邻两牙在中径线上对应两点间的轴向距离。

(7)螺纹的旋向。

右旋螺纹不加标注;左旋螺纹加"LH"标注。

(8)导程(S)。

螺纹上任意一点沿同一条螺旋线转一周所移动的轴向距离。单线螺纹的导程等于螺距($S=P$),多线螺纹的导程等于线数乘以螺距($S=nP$)(线数n:螺纹的螺旋线数目)。

(9)螺纹旋合长(深)度。

对于螺纹旋合深度一般来说,头三扣将承载80%以上的力。所以,旋合长度不能少于5扣,螺纹旋合长度也为螺纹的主要参数。

3. 标准螺纹的代号及应用

标准螺纹的代号说明及应用见表7-1-4。

表7-1-4 标准螺纹代号示例

螺纹类型	牙形代号	代号示例	代号说明	应用
普通粗牙螺纹	M	M12	普通粗牙螺纹,外径12 mm	大量用来紧固零件
普通细牙螺纹	M	M10×1.25	普通细牙螺纹,外径10 mm,螺距1.25 mm	自锁能力强,一般用来锁薄壁零件和对防震要求较高的零件
梯形螺纹	Tr	Tr32 × 12/2−IT7 左	梯形螺纹,外径32 mm,导程12 mm,双线,7级精度,左旋	能承受两个方向的轴向力,可作为传动杆,如车床的丝杆
锯齿形螺纹	B	B70×10	锯齿形螺纹,外径70 mm螺距10 mm	能承受较大的单向轴向力,可作为传递单向负荷的传动丝杆

二、攻螺纹

用丝锥在孔中切削加工内螺纹的方法称为攻螺纹。

1. 攻螺纹工具

(1)丝锥。

丝锥是加工内螺纹的工具,一般分为手用丝锥和机用丝锥。按其用途不同可以分为普通螺纹丝锥、英制螺纹丝锥、圆柱管螺纹丝锥、圆锥管螺纹丝锥、板牙丝锥、螺母丝锥、校准丝锥及特殊螺纹丝锥等。其中普通螺纹丝锥、圆柱管螺纹丝锥和圆锥管螺纹丝锥是常用的三种丝锥。

通常手用丝锥中M6 ~ M24的丝锥为两支一套,小于M6和大于M24的丝锥为三支一套，称为头锥、二锥、三锥。这是因为M6以下的丝锥强度低、易折断，分配给三个丝锥切削可使每一个丝锥担负的切削余量小，因而产生的扭矩小，从而保护丝锥不易折断。而M24以上的丝锥要切除的余量大，分配给三支丝锥后可有效减少每一支丝锥的切削阻力，以减轻操作者的体力劳动。细牙螺纹丝锥为两支一组。

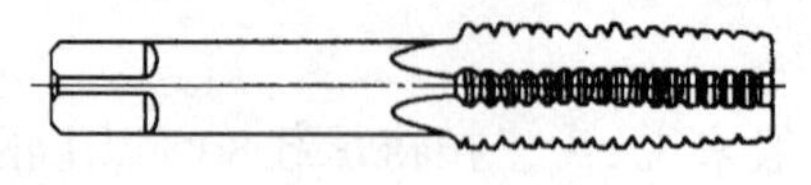

图7-1-14　丝锥

(2)丝锥的构造。

丝锥由工作部分和柄部组成。工作部分包括切削部分和校准部分。切削部分磨出锥角。校准部分具有完整的齿形，柄部有方榫。

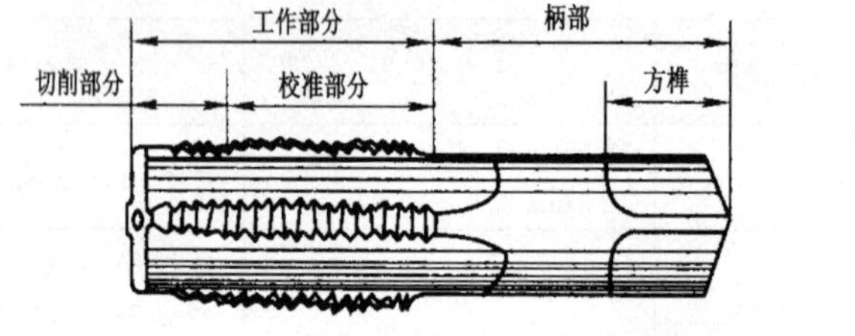

(a)外形 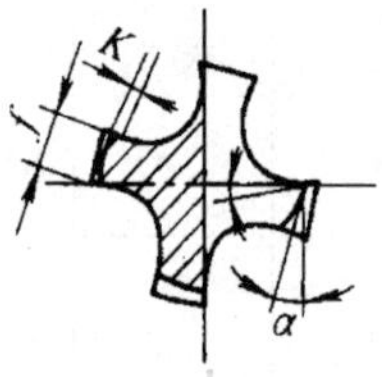　　(b)切削部分和校准部分的角度

图7-1-15　丝锥的构造

(3)丝锥的几何参数。

①前角、后角和倒锥。

表7-1-5　丝锥的前角

被加工材料	铸青铜	铸铁	硬钢	黄铜	中碳钢	低碳钢	不锈钢	铝合金
前角γ_0	0°	5°	5°	10°	10°	15°	15°~20°	21°~30°

丝锥切削部分的前角γ_0一般为8°~10°。

丝锥的后角α_0，一般手用丝锥α_0=6°~8°，机用丝锥α_0=10°~12°，齿侧为零度。

丝锥的校准部分的大径、中径、小径均有(0.05~0.12)mm/100 mm的倒锥，以减少和螺孔的摩擦，减少所加工螺纹的扩张量。

②容屑槽(图7-1-16)。

M8以下的丝锥一般是三条容屑槽，M8~12的丝锥有三条也有四条的，M12以上的丝锥一般是四条容屑槽。较大的手用和机用丝锥及管螺纹丝锥也有六条容屑槽的。

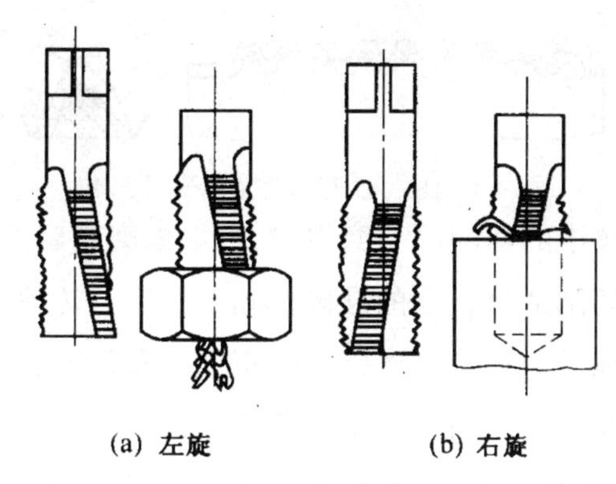
(a) 左旋　(b) 右旋

图7-1-16　丝锥的容屑槽的方向与排屑

(4)成套丝锥的切削量分配。

成套丝锥切削量的分配，一般有两种形式：锥形分配和柱形分配。

一套锥形分配切削量的丝锥中，所有丝锥的大径、中径、小径都相等，只是切削部分的长度和锥角不相等，也叫等径丝锥，如图7-1-17所示。当攻制通孔螺纹时，用头攻(初锥)一次切削即可加工完毕，二攻(也叫中锥)、三攻(底锥)则用得较少。一组丝锥中，每支丝锥磨损很不均匀。由于头攻能一次攻削成形，切削厚度大，切屑变形严重，加工表面粗糙，精度差。

图7-1-17　锥形分配(等径丝锥)

一般M12以下丝锥采用锥形分配，M12以上丝锥则采用柱形分配。柱形分配的丝锥的大径、中径、小径都不相等，叫不等径丝锥，如图7-1-18所示。即头攻(也叫第一粗锥)、二攻(第二粗锥)的大径、中径、小径都比三攻(精锥)小。头攻、二攻的中径一样，大径不一样。头攻大径小，二攻大径大。这种丝锥的切削量分配比较合理，三支一套的丝锥按顺序为6∶3∶1分担切削量，两支一套的丝锥按顺序为7.5∶2.5分担切削量，切削省力，各锥磨损量差别小，使用寿命较长。同时末锥(精锥)的两侧也参加少量切削，所以加工表面粗糙度度值较小。一般M12以上的丝锥多属于这一种。柱形分配丝锥一定要最后一支丝锥攻过后，才能得到正确螺纹。

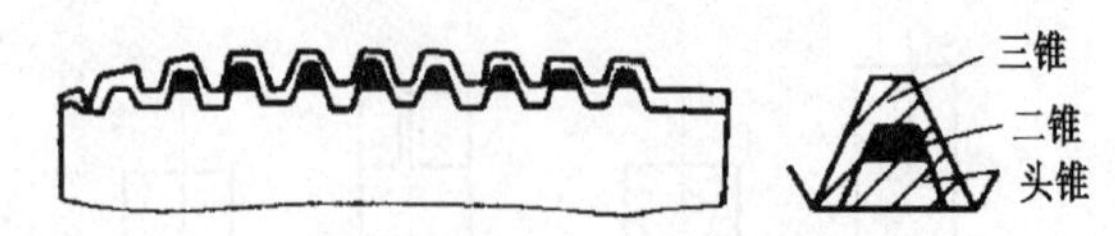

图7-1-18　柱形分配(不等径丝锥)

丝锥的修磨。当丝锥的切削部分磨损时,可以修磨其后刀面。修磨时要注意保持各刀瓣的半锥角及切削部分长度的准确性和一致性。转动丝锥时要留心,不要使另一刀瓣的刀齿因碰擦而磨坏。当丝锥的校正部分有显著磨损时,可用棱角修圆的片状砂轮修磨其前刀面,并控制好一定的前角。

2. 铰杠

铰杠是手工攻螺纹时用的一种辅助工具。铰杠分普通铰杠和丁字形铰杠两类。如图7-1-19所示常用的是"丁"字形铰杠。旋转手柄即可调节方孔的大小,以便夹持不同尺寸的丝锥。铰杠长度应根据丝锥尺寸大小进行选择,以便控制攻螺纹时的扭矩,防止丝锥因施力不当而扭断。

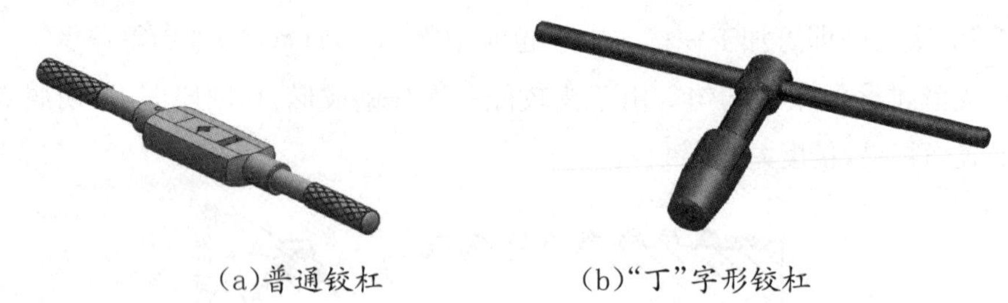

(a)普通铰杠　　(b)"丁"字形铰杠

图7-1-19　铰杠

3. 攻螺纹方法

(1)攻螺纹前螺纹底孔直径和钻孔深度的确定。

螺纹底孔直径的大小,应根据工件材料的塑性和钻孔时的扩张量来考虑,使攻螺纹时既有足够的空隙来容纳被挤出的材料,又能保证加工出来的螺纹具有完整的牙形,如图7-1-20所示。

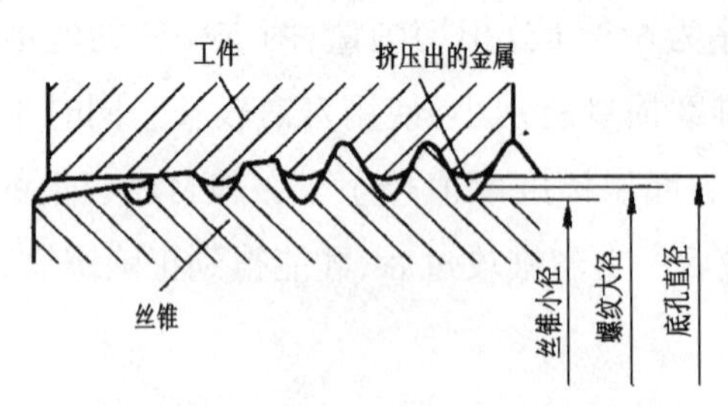

图7-1-20　攻螺纹前的挤压现象

表7-1-6 螺纹底孔直径的计算公式

被加工材料和扩张量	钻头直径计算公式
钢和其他塑性大的材料，扩张量中等	$D_0=D-P$
铸铁和其他塑性小的材料，扩张量较小	$D_0=D-(1.05\sim1.1)P$

攻不通孔螺纹时，一般取:钻孔深度=所需螺孔深度+0.7D。

(2)攻螺纹要点(图7-1-21)。

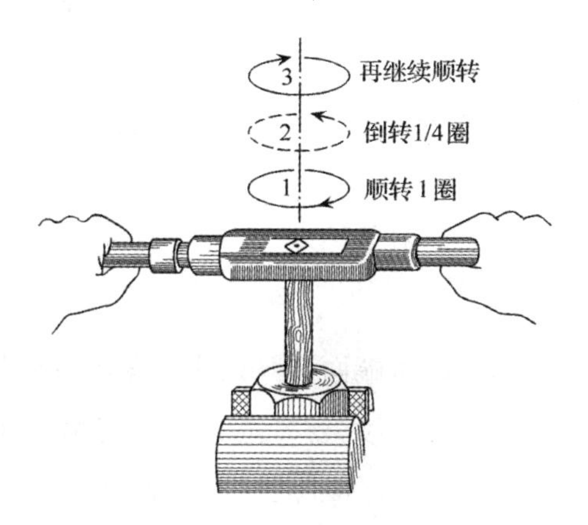

图7-1-21 攻螺纹方法

①攻螺纹前，螺纹底孔的孔口要倒角，通孔螺纹两端孔口都要倒角。这样可使丝锥容易切入，并防止攻螺纹后孔口的螺纹崩裂。

②攻螺纹前，工件的装夹位置要正确，应尽量使螺孔中心线置于水平面或处于竖直位置，其目的是攻螺纹时便于判断丝锥是否垂直于工件平面。

③开始攻螺纹时，应把丝锥放正，用右手掌按住铰杠中部沿丝锥中心线用力加压，此时左手配合做顺向旋进;或两手握住铰杠两端平衡施加压力，并将丝锥顺向旋进，保持丝锥中心与孔中心线重合，不能歪斜。

当切削部分切入工件1~2圈时，用目测或直角尺检查和校正丝锥的位置。当切削部分全部切入工件时，应停止对丝锥施加压力，只需平稳地转动铰杠靠丝锥上的螺纹自然旋进。

④ 为了避免切屑过长咬住丝锥，攻螺纹时应经常将丝锥反方向转动1/4至1/2圈，使切屑碎断后容易排出。

⑤ 攻不通孔螺纹时，要经常退出丝锥，排除孔中的切屑。当将要攻到孔底时，更应及时排出孔底积屑，以免攻到孔底时丝锥被轧住。

⑥ 攻通孔螺纹时，丝锥校准部分不应全部攻出头，否则会扩大或损坏孔口最后几牙螺纹。

⑦ 丝锥退出时，应先用铰杠带动螺纹平稳地反向转动，当能用手直接旋动丝锥时，应停止使用铰杠，以防铰杠带动丝锥退出时产生摇摆和震动，破坏螺纹粗糙度。

⑧ 在攻螺纹过程中，换用另一支丝锥时，应先用手握住旋入已攻出的螺孔中。直到用手旋不动时，再用铰杠进行攻螺纹。

⑨ 在攻材料硬度较高的螺孔时，应头锥、二锥交替攻削，这样可减轻头锥切削部分的负荷，防止丝锥折断。

⑩攻塑性材料的螺孔时，要加切削液。一般用机油或浓度较大的乳化液，要求高的螺孔也可用菜油或二硫化钼等。

三、攻丝机

攻丝机是一种在机件壳体、设备端面、螺母、法兰盘等各种具有不同规格的通孔或盲孔的零件的孔内侧面加工出内螺纹、螺丝或牙扣的机械加工设备，如图 7-1-22 所示。攻丝机也叫攻牙机、螺纹攻牙机、螺纹攻丝机、自动攻丝机等。根据驱动动力种类的不同，攻丝机可以分为手动攻丝机、气动攻丝机、电动攻丝机和液压攻丝机等；根据攻丝机主轴数目不同，可分为单轴攻丝机、二轴攻丝机、四轴攻丝机、六轴攻丝机、多轴攻丝机等；根据加工零件种类不同，攻丝机又可分为模内攻丝机、万能攻丝机、热打螺母攻丝机、法兰螺母攻丝机、圆螺母攻丝机、六角螺母攻丝机、盲孔螺母攻丝机、防盗螺母攻丝机等多种型号；根据攻丝机加工过程的自动化程度不同，攻丝机可分为全自动攻丝机、半自动攻丝机和手动攻丝机等；根据攻丝机攻牙时是否同时钻孔，攻丝机又分钻孔攻丝机、扩孔攻丝机等。全自动攻丝机自动化程度最高，工作时只要把零件毛坯放入料斗中即可自动进料、自动定位、自动夹紧、自动攻牙、自动卸料，一个工人可以同时操作多台设备，生产效率高，可显著节约劳动力成本。优质攻丝机具有设计新颖、结构合理、简便易用、自动化程度高、使用方便、效率高、免维护、性价比极高等特点，优质的螺母攻丝机加工出的各种螺母螺纹光洁度高，成品合格率高。

图 7-1-22 攻丝机

四、废品产生的原因分析(表 7-1-7)

表 7-1-7 攻丝时产生废品的原因分析

废品类别	产生废品的原因	改进方法
乱牙	(1)螺纹底孔直径太小,丝锥不易切入,孔口乱牙 (2)换用二锥、三锥时,与已切出的螺纹没有旋合好就强行攻削 (3)头锥攻螺纹不正,用二锥、三锥时强行纠正 (4)对塑性材料未加切削液或丝锥不经常倒转,而把已切出的螺纹啃伤 (5)丝锥磨钝或刀刃有粘屑 (6)丝锥铰杠掌握不稳,攻铝合金等强度较低的材料时,容易被切烂	(1)根据工件材料,合理确定底孔直径 (2)用手握住丝锥旋入已攻出的螺纹孔中,旋合准确后再用铰杠加工 (3)头锥加工螺纹时,一定要引正 (4)攻丝时要加切削液,并经常倒转断屑 (5)随时清除铁屑并检查丝锥 (6)握铰杠时,注意掌握平衡、两手握平稳,用力不可过大
滑牙	(1)攻不通孔螺纹时,丝锥已到底仍继续扳转 (2)在强度较低的材料上攻较小螺孔时,丝锥已切出螺纹仍继续加压力,或攻完退出时连铰杠转出	(1)盲孔攻丝一定要勤检查和做好标记 (2)螺纹切出后只需平稳转动铰杠让丝锥自然旋进
螺孔攻歪	(1)丝锥位置不正 (2)机攻螺纹时,丝锥与螺孔不同心	(1)起攻时,丝锥要摆正并用直角尺检查 (2)丝锥和工件装夹要同轴

续表

废品类别	产生废品的原因	改进方法
螺纹牙深不够	(1)攻螺纹前底孔直径太大 (2)丝锥磨损	(1)准确计算不同材料的底孔直径 (2)更换丝锥
螺纹中径大(齿形瘦)	(1)在强度低的材料上攻螺纹时,丝锥切削部分全部切入螺孔后,仍对丝锥施加压力 (2)机攻时,丝锥晃动,或切削刃磨得不对称	(1)螺纹切出后只需平稳转动铰杠让丝锥自然旋进 (2)选择角度正确的丝锥、装夹要稳固同轴

五、丝锥损坏原因分析(表7-1-8)

表7-1-8　丝锥损坏原因

损坏形式	损坏原因	改进方法
崩牙或扭断	(1)工件材料硬度太高,或硬度不均匀 (2)丝锥切削部分刀齿前、后角太大 (3)螺纹底孔直径太小或圆杆直径太大 (4)丝锥位置不正 (5)用力过猛,铰杠掌握不稳 (6)丝锥没有经常倒转,致使切屑将容屑槽堵塞 (7)刀齿磨钝,并粘附有积屑瘤 (8)未采用合适的切削液 (9)攻不通孔时,丝锥碰到孔底时仍在继续扳转	(1)对材料做热处理或者更换材料 (2)选择质量合格的丝锥和板牙 (3)准确计算不同材料的圆杆直径和底孔直径 (4)起攻或起套要引正 (5)操作要平稳,用力要均匀、平衡 (6)要经常倒转铰杠以断屑 (7)更换丝锥或板牙,及时清除积屑瘤 (8)根据不同材料合理选用切削液 (9)勤检查并做好标记

任务评价

对六角螺母内螺纹的加工质量,根据表7-1-9中的评分要求进行评价。

表7-1-9　六角螺母内螺纹加工情况评价表

评价内容	评价标准	分值	学生自评	教师评估
准备工作	准备充分	5分		
工具的识别	正确使用工具	5分		
丝锥的使用	正确使用	5分		
螺纹牙型完整	不乱牙、滑牙	10分		
螺母螺纹不歪斜	螺孔不歪斜	5分		

续表

评价内容	评价标准	分值	学生自评	教师评估
螺母孔口倒角至ϕ9 mm	达到要求	5分		
表面粗糙度	达到要求	10分		
尺寸(18±0.05) mm(三组)	达到要求	20分		
螺母外形倒角	达到要求	15分		
安全文明生产	没有违反安全操作规程	5分		
情感评价	按要求做	15分		
学习体会				

一、填空题(每题10分,共50分)

1.螺纹牙形是指在通过螺纹________上螺纹的轮廓形状。

2.螺距是指相邻两牙在中径线上对应两点间的________。

3.丝锥由工作部分和柄部组成,工作部分包括________。

4.攻不通孔螺纹时,一般取:钻孔深度=所需螺孔深度+________。

5.在钢件上加工M14×1.75的内螺纹,钻底孔直径为________mm。

二、判断题(每题10分,共50分)

1.通常手用丝锥中M6~M24的丝锥为两支一套。 ( )

2.攻螺纹前,螺纹底孔孔口要倒角。 ( )

3.用铰杠攻丝时,可用一只手转动铰杠一端进行攻螺纹加工。 ( )

4.螺纹切出后只需平稳转动铰杠让丝锥自然旋进。 ( )

5.攻丝时要加切削液,并经常倒转断屑。 ( )

任务二　套双头螺柱的外螺纹

任务目标

(1)能识别板牙类型。

(2)会使用套丝工具。

(3)能正确地进行外螺纹加工操作。

任务分析

本任务的主要内容是应用前面所学的知识和技能进行操作。再结合本任务,使用套丝工具,加工出合格的外螺纹工件。如图 7-2-1 所示。

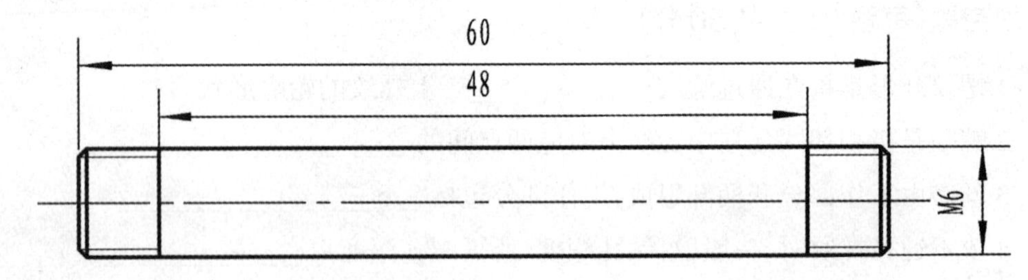

技术要求:

未注倒角为直径方向0.6 mm,与轴线成20°角。

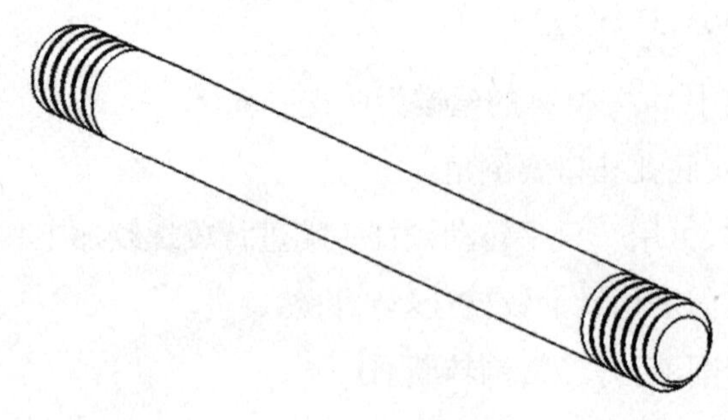

图 7-2-1　套丝任务:螺杆加工

套丝是一项技术要求较高的技能操作工作，如果起套偏斜，就会造成加工的螺杆外形的垂直度无法保证。完成本次任务需要工具：铰杠。刀具：M6板牙、300 mm大锉刀、150 mm细齿锉刀。量具：高度游标卡尺、游标卡尺。辅助工具：台虎钳。零件的材料：ϕ6 mm×60 mm的圆钢一块。要求在划线平板上进行基本线条划线，车床上进行圆钢加工，最后在台虎钳上进行锉削和套丝。达到外形美观，螺纹合格，表面粗糙度均匀，尺寸精度符合要求。

一、工具、量具的准备（表7-2-1）

表7-2-1 工具、量具准备清单

序号	名称	规格	数量
1	高度游标卡尺	0～300 mm	1把/组
2	划线平板		1张/组
3	板牙	M6	1只/组
4	板牙架（板牙铰杠）		1只/组
5	大锉刀	300 mm	1把/人
6	细齿锉刀	150 mm	1把/人

二、螺杆制作

1. 下料

用手锯锯割得到ϕ6×60 mm的圆钢（已经车削好）一件。预留1~2 mm锉削加工余量，如图7-2-2所示。

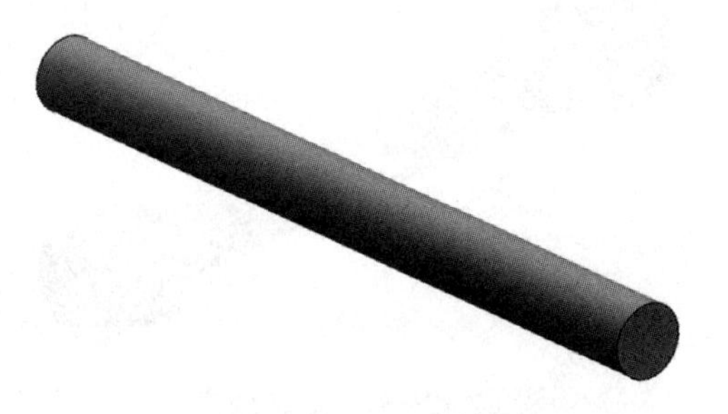

图7-2-2 下料

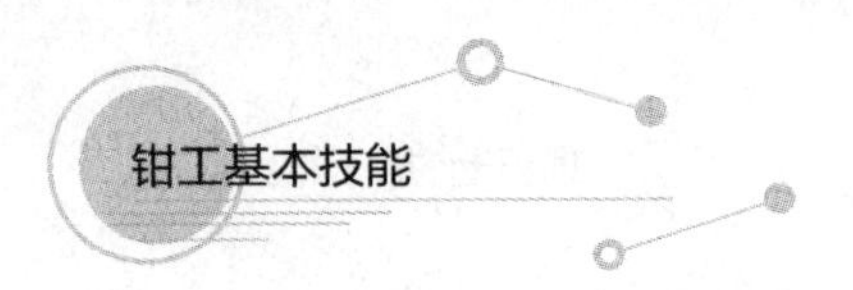

2. 锉削外圆及两端面、端面倒角

用圆弧锉削的方法，加工出$\phi5.8\times6$ mm的台阶轴，再进行端面倒角0.6 mm,注意与轴线的角度为20°，如图7-2-3所示。

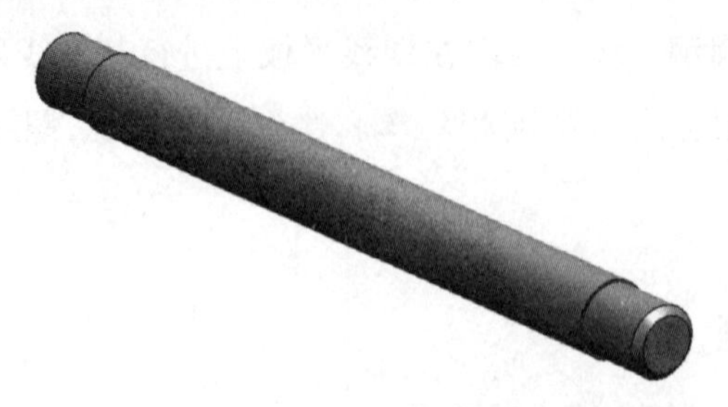

图7-2-3　锉削

3. 套丝

套丝，可加少量机油，可用角尺从两个方向(角尺旋转90°)检查板牙端面是否和螺杆轴线垂直，避免牙型歪斜。注意用力均匀，防止断牙。正常套丝后，要及时进行断屑动作处理。套丝完毕，用标准的螺母进行检查。如图7-2-4所示。

图7-2-4　套丝

4. 检查

将项目七任务一制作的螺母和螺杆进行装配检查，如图7-2-5所示。

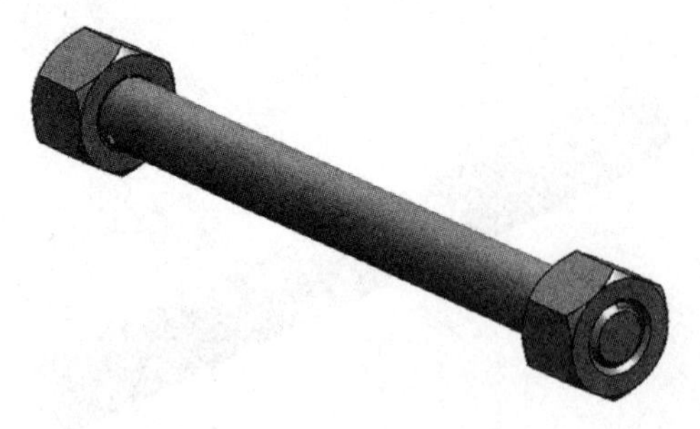

图7-2-5　装配检查

我们上面已学习了套丝的相关知识和各种工具的使用方法，并进行了任务练习，下面来做一做另一规格的螺杆的练习，看谁做得又好又快。

备料直径ϕ8×60 mm的圆钢，如图7-2-6所示。根据前面练习方法和工艺步骤（也可以自己制订工艺方法和步骤），然后和其他同学互相评价，最后教师给你评定并计分。

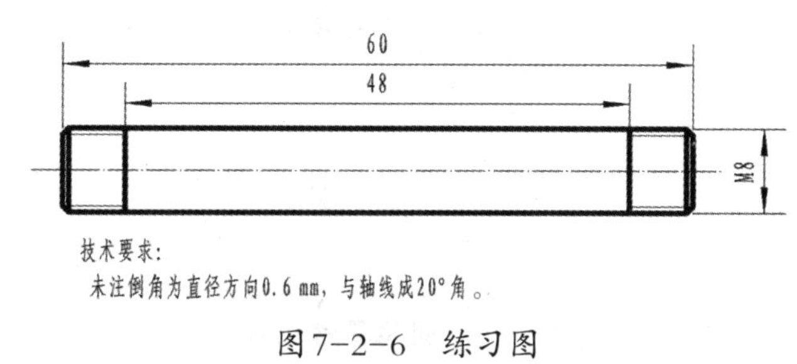

图7-2-6 练习图

相关知识

用板牙在圆杆或管子上进行切削加工外螺纹的方法称为套螺纹。

一、套螺纹工具

1. 圆板牙

外形像一个圆螺母，只是在它上面钻有几个排屑孔并形成刀刃。板牙是加工外螺纹的刀具，用合金工具钢9SiGr制成，并经热处理淬硬。板牙由切屑部分、定位部分和排屑孔组成。圆板牙螺孔的两端有40°的锥度部分，是板牙的切削部分。定位部分起修光作用。板牙的外圆有一条深槽和四个锥坑，锥坑用于定位和紧固板牙。如图7-2-7所示。

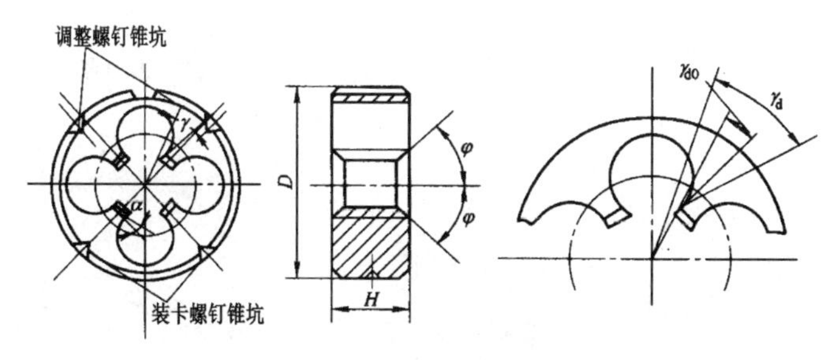

图7-2-7 圆柱板牙

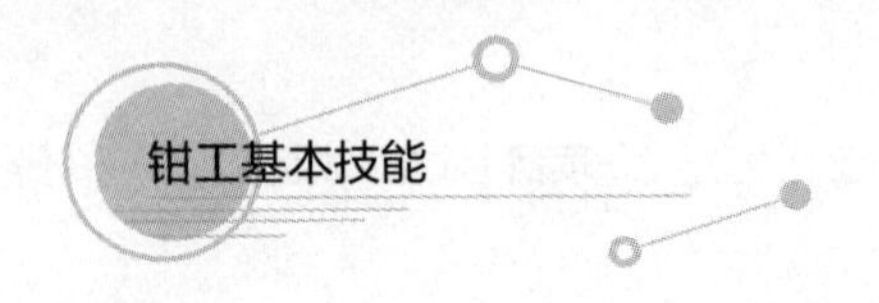

2. 管螺纹板牙

管螺纹板牙分圆柱管螺纹板牙和圆锥管螺纹板牙。圆柱管螺纹板牙的结构与圆锥板牙相仿。圆锥管螺纹板牙的基本结构也与圆柱管螺纹板牙相仿，只是在单面制成切削锥，只能单面使用。圆锥管螺纹板牙所有刀刃均参与切削，所以切削时很费力。板牙的切削长度影响管螺纹牙形的尺寸，因此套螺纹时要经常检查，不能使切削长度超过太多，只要将配件旋入后能满足要求就可以了。如图7–2–8所示。

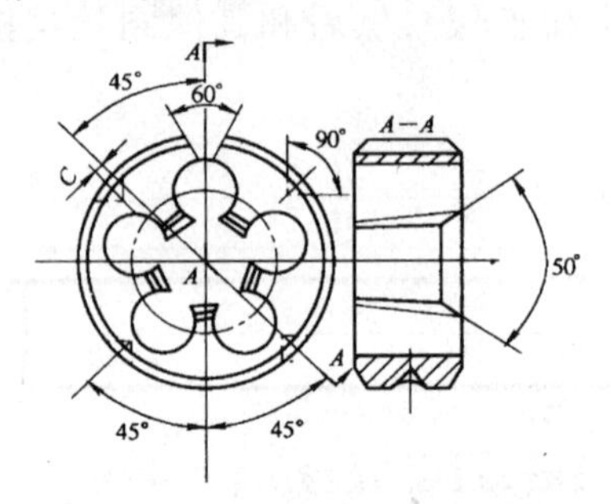

图7–2–8　圆锥管螺纹板牙

3. 板牙铰杠

板牙铰杠是手工套螺纹时的辅助工具。

板牙铰杠的外圆旋有四只紧固螺钉和一只调松螺钉。使用时，紧固螺钉将板牙紧固在铰杠中，并传递套螺纹时的扭矩。当使用的圆板牙带有“V”形调整槽时，通过调节上面四只紧固螺钉，可使板牙螺纹直径在一定范围内变动。如图7–2–9和图7–2–10所示。

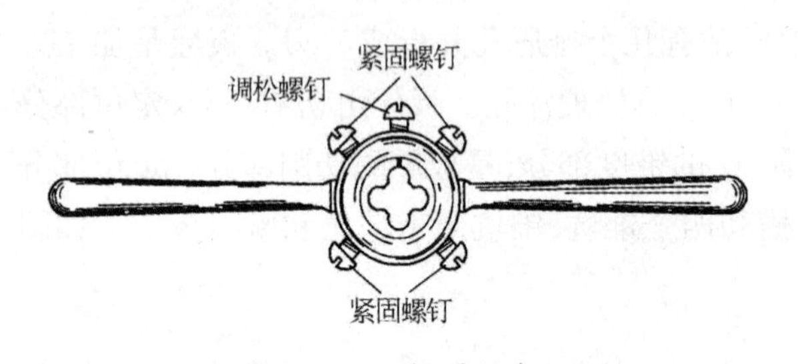

图7–2–9　板牙铰杠

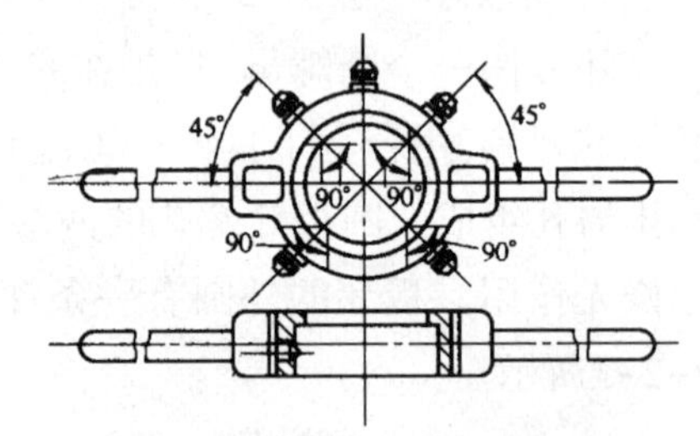

图7–2–10　板牙铰杠角度

二、套螺纹方法

1. 套螺纹前圆杆直径的确定

$$d_o \approx d-(0.13\sim0.2)P$$

式中: d_o代表圆杆直径;d代表螺纹大径 ;P代表螺纹的螺距。

2. 套螺纹要点

(1)为使板牙容易对准工件和切入工件,套螺纹前圆杆端部应倒角。倒角长度应大于一个螺距P,斜角为15°~20°。使圆杆端部要倒成圆锥斜角的锥体。锥体的最小直径可以略小于螺纹小径d_1,使切出的螺纹端部避免出现锋口和卷边而影响螺母的拧入,如图7-2-11所示。

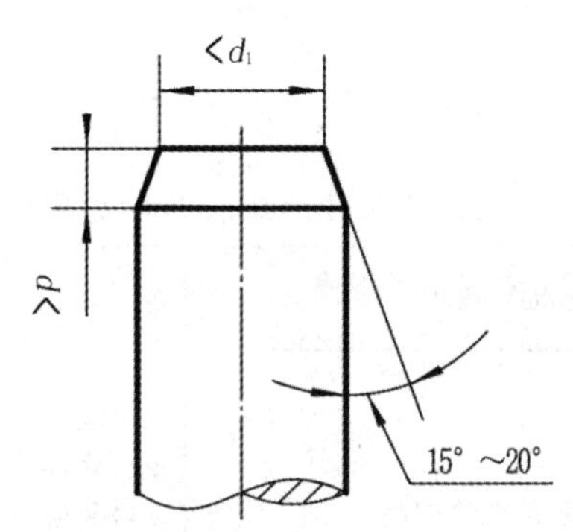

图7-2-11 圆杆端部应倒角

(2)为了防止圆杆夹持出现偏斜和夹出痕迹,圆杆应装夹在用硬木制成的“V”形钳口或软金属制成的衬垫中,在加衬垫时圆杆套螺纹部分离钳口要尽量近。

(3)套螺纹时,应保持板牙端面与圆杆轴线垂直,否则套出的螺纹两面会深浅不一,甚至乱牙。

(4)在开始套螺纹时,可用手掌按住板牙中心,适当施加压力并转动铰杠。当板牙切入圆杆1~2圈时,应目测检查和校正板牙的位置。当板牙切入圆杆3~4圈时,应停止施加压力,只需要平稳地转动铰杠,靠板牙螺纹自然旋进套螺纹。

(5)为了避免切屑过长,套螺纹过程中板牙应经常倒转。

(6)在钢件上套螺纹时要加切削液,以延长板牙的使用寿命,减小螺纹的表面粗糙度。

3. 套丝操作方法

套丝与攻丝在操作步骤和操作方法上十分相似。装夹检查时,要使切削刀具垂直于工件(套丝:板牙平面与圆杆垂直;攻丝:头锥与孔口平面垂直)。开始时用加压旋转方式进行切削,力求刀具与工件保持垂直。在切削过程中要及时倒转刀具断去切屑。与攻丝不同之处主要表现为板牙装入板牙铰手的方法与丝锥装入的方法有所不同。观察板牙模具,认出板牙有斜角一面的特征:该面刀齿围成的内圆孔口要比另一面孔口稍大一些。通常板牙有斜角的一面上无字。如图7-2-12所示。

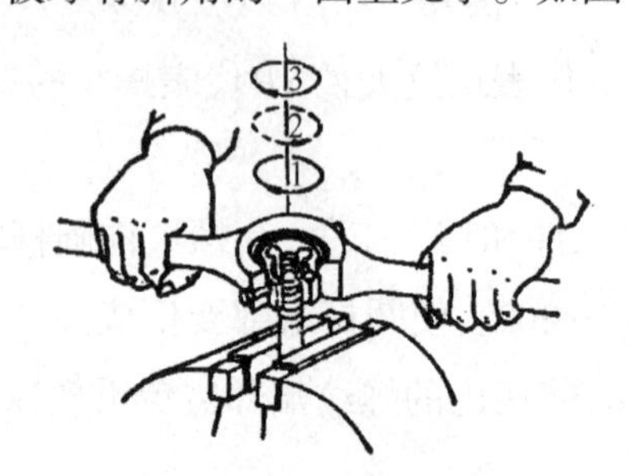

图7-2-12　套螺纹方法

三、套螺纹时废品分析(表7-2-2)

表7-2-2　套螺纹时产生废品的原因分析

废品类别	产生废品的原因	改进方法
乱牙	(1)圆杆直径太大 (2)板牙磨钝 (3)套螺纹时,板牙没有经常倒转 (4)铰杠掌握不稳;套螺纹时,板牙左右摇摆 (5)板牙歪斜太多,套螺纹时强行修正 (6)板牙刀刃上具有积屑瘤 (7)用带调整槽的板牙套螺纹,第二次套螺纹时板牙没有与已切出螺纹旋合,就强行套螺纹 (8)未采用合适的切削液	(1)准确计算不同材料的圆杆直径 (2)更换合格板牙 (3)套螺纹时,板牙要及时倒转断屑 (4)操作要平稳,用力要均匀、平衡 (5)起攻时要套正 (6)尽量避免积屑瘤产生,及时清除积屑瘤 (7)手握住板牙旋入已套出的螺纹中,旋合准确后再用铰杠加工 (8)根据不同材料合理选用切削液
螺纹歪斜	(1)板牙端面与圆杆不垂直 (2)用力不均匀,铰杠歪斜	(1)起套时要用直角尺检查垂直度 (2)操作要平稳,用力要平衡而均匀
螺纹中径小(齿形瘦)	(1)板牙已切入,仍施加压力 (2)由于板牙端面与圆杆不垂直而多次纠正,使部分螺纹切除过多	(1)螺纹切出后只需平稳转动铰杠让板牙自然旋进 (2)起套时要用直角尺检查垂直度,保证垂直度后再加工
螺纹牙深不够	(1)圆杆直径太小 (2)用带调整槽的板牙套螺纹时,直径调节太大	(1)准确计算不同材料的圆杆直径 (2)调整板牙时,用合格螺杆检查板牙直径

四、板牙损坏分析(表7-2-3)

表7-2-3 板牙损坏原因分析

损坏形式	损坏原因	改进方法
崩牙或扭断	(1)工件材料硬度太高或硬度不均匀 (2)板牙切削部分刀齿前、后角太大 (3)板牙位置不正 (4)用力过猛,铰杠掌握不稳 (5)板牙没有经常倒转,使切屑将容屑槽堵塞 (6)刀齿磨钝,并粘附有积屑瘤 (7)未采用合适的切削液 (8)套台阶旁的螺纹时,板牙碰到台阶仍在继续扳转	(1)对材料做热处理或者更换材料 (2)选择质量合格的丝锥和板牙 (3)起攻或起套要引正 (4)操作要平稳、用力要均匀、平衡 (5)要经常倒转铰杠以断屑 (6)更换板牙,及时清除积屑瘤 (7)根据不同材料合理选用切削液 (8)套螺纹前要检查测量操作是否受限并做好标记,一旦受限要及时停止操作

任务评价

对双头螺柱的加工质量,根据表7-2-4中的评分要求进行评价。

表7-2-4 双头螺柱加工情况评价表

评价内容	评价标准	分值	学生自评	教师评估
准备工作	准备充分	5分		
工具的识别	正确使用工具	5分		
圆板牙的使用	正确使用	5分		
螺纹牙型完整	不乱牙	10分		
螺纹垂直	螺纹不得歪斜(两处)	15分		
螺纹牙深正确	圆杆直径大小正确(两处)	15分		
螺杆倒角	正确	10分		
长度尺寸正确	正确	10分		
安全文明生产	没有违反安全操作规程	10分		
情感评价	按要求做	15分		
学习体会				

一、填空题(每题10分,共50分)

1.螺纹大径是指与外螺纹牙顶或内螺纹牙底相切的假想圆柱或圆锥的直径。国标规定:米制螺纹的大径是代表螺纹尺寸的直径,称为__________。

2.板牙是加工外螺纹的刀具,材料用__________制成。

3.加工 M14×1.75 外螺纹,圆杆直径一般取__________mm。

4.为使板牙容易对准工件和切入工件,套螺纹前圆杆端部应倒角。倒角长度应大于__________,斜角为15°~20°。

5.用板牙在圆杆或管子上__________的方法称为套螺纹。

二、判断题(每题10分,共50分)

1.圆杆直径过大,会产生螺纹牙深不够。 ( )

2.套外螺纹时,螺纹易歪斜,产生的原因是起套时板牙端面与圆杆不垂直。 ( )

3.套螺纹时,板牙没有经常倒转易产生螺纹乱牙。 ( )

4.套螺纹时,一般不用切削液。 ( )

5.在开始套螺纹时,可用手掌按住板牙中心,适当施加压力并转动铰杠。 ( )

项目八 研磨工件

钳工中的研磨是利用涂敷或压嵌在研具上的磨料颗粒，通过研具与工件在一定压力下的相对运动对加工表面进行的精整加工（同时微量切削加工）。如下图所示。研磨可用于加工各种金属和非金属材料，加工的表面形状有平面、圆弧面及其他形面。加工精度可达IT1～IT5，表面粗糙度Ra可达0.01～0.63 μm。

研磨是提高工件加工质量的一种操作技能。如研磨机床工作台面、机床导轨面、精密工具接触面、有密封要求的接触面、轴瓦及其他有较高尺寸精度、表面质量要求的工件等，都需要用刮削和研磨方法进行加工才能最终达到要求。

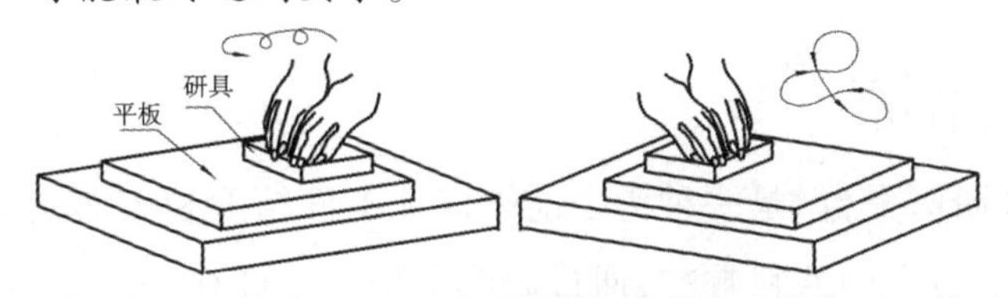

（a）螺旋形研磨法　（b）"8"字形或仿"8"字形研磨法

研磨工件

目标类型	目标要求
知识目标	（1）知道研磨加工安全操作规程 （2）知道研磨加工工具（研具） （3）能正确地使用研磨工具 （4）知道研磨料、研磨液、研磨膏、研磨剂
技能目标	（1）能在遵守安全操作规程的前提下使用研磨工具 （2）能正确根据被研磨工件的材料选用合适的研磨剂（用研磨液配置）和研磨料 （3）能用准确的研磨方法加工出满足技术要求的表面
情感目标	（1）能养成根据技术要求自主安排加工工艺的工作习惯 （2）能在工作中和同学协作完成任务 （3）能意识到规范操作和安全作业的重要性

任务 研磨刀口形直尺的平面

任务目标

(1)会使用研磨工具。

(2)能识别并选用合适的研磨料、研磨膏与研磨液。

(3)能正确进行平板研磨加工操作。

任务分析

研磨平板(研磨平台)是一种为了能够保证工件精度和表面光洁度,而利用涂敷或压嵌在研磨平板上的磨料颗粒,通过研磨平板与工件在一定压力下的相对运动对工件(平台)表面进行的精整加工而衍生出一种铸铁平板,如图8-1-1所示。

研磨加工中有一种在嵌有金刚砂磨料(磨料)的平板上进行磨砂的形式,在这种形式中研具是必不可少的主要工具,该研具称为嵌砂研磨平板。研磨平板具有组织均匀,结构致密,无砂眼气孔,疏松等优点。上砂容易,砂粒分布均匀丰富,砂粒嵌入牢固,切削性能强。表面光洁,油亮,呈天蓝色,耐磨性好。

研磨平台特性:(1)操作简单,上砂快,嵌砂量足,使用后仍十分容易上同类型砂,经过打磨后,光洁度显著提高。(2)容易得到量块所需的较高光洁度和研合性,工件镜面光亮。

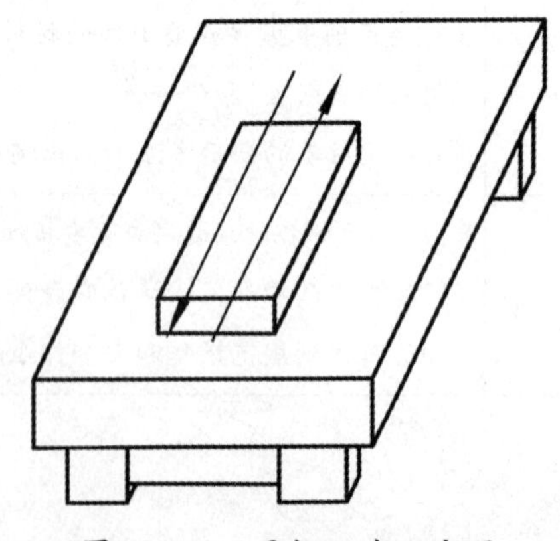

图8-1-1 平板研磨示意图

任务实施

一、工具、量具的准备(表8-1-1)

表8-1-1 工具、量具准备清单

序号	名称	规格	数量
1	百分表	0.01 mm	1把/组
2	标准平板		1块/组
3	百分表座		1套/组
4	研磨用平板毛坯	100 mm×200 mm	3块/组
5	研磨剂(膏)	粗	1支/组
6	研磨剂(膏)	细	1支/组
7	研磨块	粗、中、细	1套/组
8	机油		
9	脱脂棉花		
10	导靠块		1件/组
11	刀口形直尺	200 mm	1把/组

二、平板研磨

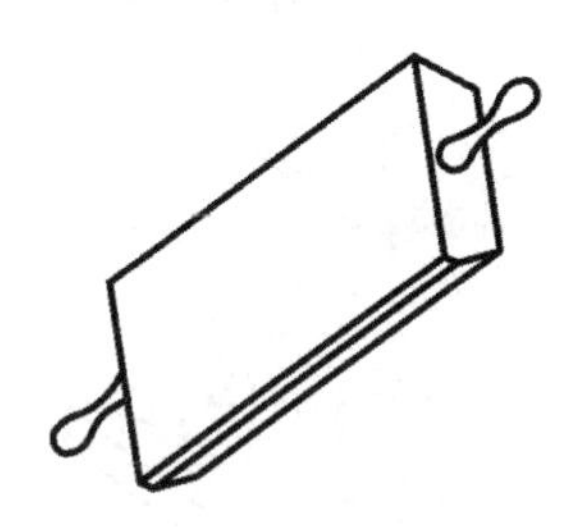

(a)精研平板

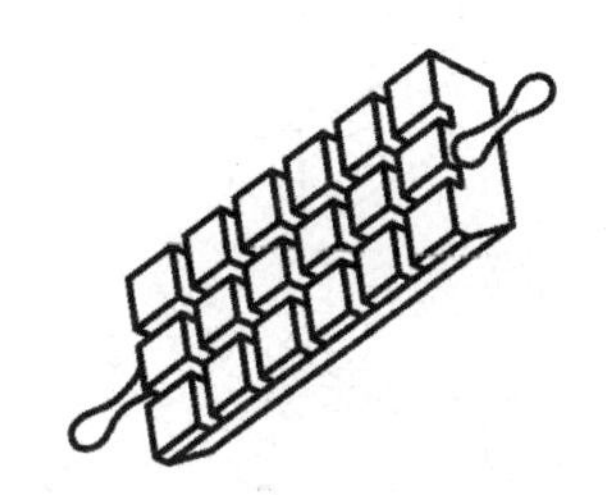

(b)粗研平板

图8-1-2 平板

1.研具准备

选用标准平板。粗研时平板可以开槽,以免研磨剂浮在平板表面上,如果要练习精研磨,则选用镜面平板。如图8-1-2所示。

2.研磨剂准备

一般直接选用市面出售的研磨膏直接加机油调和即可。

研磨钢件用刚玉类研磨膏;研磨硬质合金、玻璃、陶瓷和半导体工件一般用碳化硅、碳化硼类研磨膏；研磨精细抛光或非金属类件一般用氧化铬类研磨膏；研磨钨钢模具、光学模具、注塑模具等工件一般用金刚石类研磨膏。

颗粒方面，粗研一般用F600颗粒的，精研一般用F3000颗粒的。

如果自己配置，可以选择以下配方。

①粗研：白刚玉（W14）14 g，硬脂酸8 g，蜂蜡1 g，油酸15 g，航空汽油80 g混合调制。

②精研：精钢砂40%，氧化锗20%，硬脂酸25%，电容器油10%，煤油5%混合调制。

3. 小平板工件准备及上料（加研磨剂）

准备练习用的小平板3块，上料可以用以下两种方法。

①压嵌法：在三块平板毛坯上加研磨剂，用原始研磨法轮换嵌砂，使得研磨剂颗粒均匀嵌入平板内。也可以用经过淬火发热的圆钢棒子均匀压入平板。

②涂敷法：直接将研磨剂涂抹在工件（小平板）或者标准平板上。缺点是均匀性可能要差一些。

4. 平板研磨

按图8-1-3所示方法进行研磨练习。注意：压力大小适中，速度要均匀，速度不宜快，避免工件发热，降低表面质量。

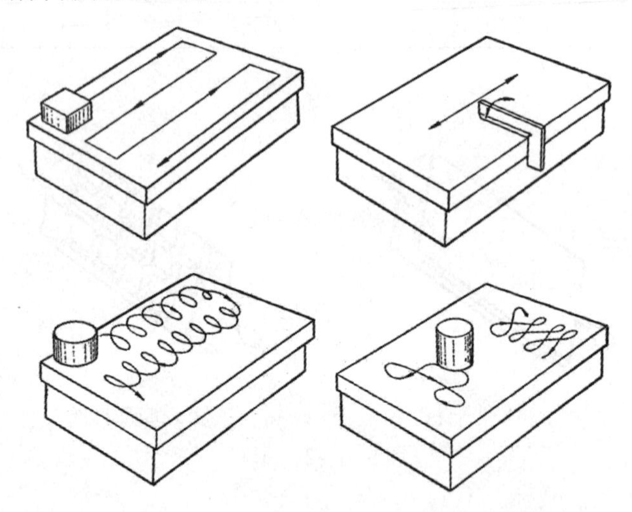

图8-1-3　宽平面研磨方法

研磨的动作路线参照图8-1-3所示。注意动作要圆滑自然、用力轻柔平稳，不能用爆发力，正如古人说的“磨墨如病夫”。粗研速度控制在每分钟50次；精研速度控制在每分钟30次。

5. 精度检查

在标准平板上用百分表或者刀口形直尺检查，平面度要求在0.01 mm以内。表面粗糙度达到0.4 μm以内。

我们上面已学习了研磨的相关知识和各种工具的使用方法，并进行了任务练习，下面来做一做另一零件：角尺的研磨练习，如图8-1-4所示，看谁做得又好又快。

备料：报废的刀口形直尺，根据前面练习方法和工艺步骤(也可以自己制订工艺方法和步骤)，然后和其他同学互相评价，最后教师给你评定并计分。

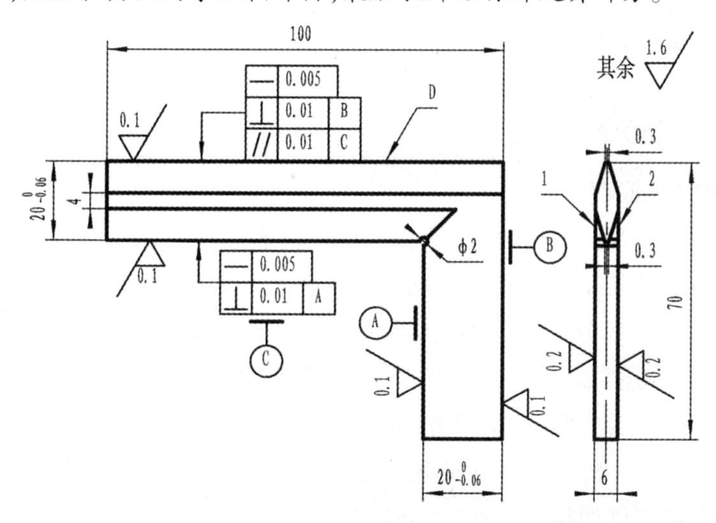

图8-1-4 角尺研磨练习图

参考工艺见表8-1-2：

表8-1-2 刀口形直尺研磨加工工艺

步骤	工艺方法及工艺步骤	备注
研磨刀口形直尺平面1、2	用研磨粉对刀口形直尺1、2两平面做研磨，要求全部研磨到位，表面粗糙度 $Ra \leqslant 0.2\ \mu m$。	
研磨A面	A面是基准面，研磨时将工件紧靠在导靠块上，两手平稳推动工件和导靠块做纵向和横向直线运动，遍及研磨平板整个板面，使A面的直线度、表面粗糙度达到图纸要求	
研磨C面	工件侧面紧靠导靠块在研磨平板外缘做直线运动，使C面的直线度、表面粗糙度、C面与A面的垂直度符合图纸要求	

续表

步骤	工艺方法及工艺步骤	备注
研磨B面	研磨要领与A面相似，依靠导靠块研磨，使B面粗糙度、直线度，B面与A面的平行度符合图纸要求	
研磨D面(100 mm长面)	研磨要领与C面相似。依靠导靠块研磨，使D面的直线度、表面粗糙度、尺寸精度，D面与B面的垂直度，D面与C面的平行度符合要求。研磨D面时，注意不要损伤C面，可以用夹套保护C面	
备注：研磨步骤：先研磨直角件两侧面，再按A—C—B—D次序研磨四个面(可用报废的刀口形直尺练习)。可用高精度的直尺或00级精度的刀口形直尺结合粗糙度样板做检验工具		

相关知识

一、研磨及其工艺特点

1. 研磨的基本原理

用研磨工具和研磨剂从工件上研去一层极薄表面层的精加工方法称为研磨。研磨是一种精加工，能使工件获得精确的尺寸和极小的表面粗糙度。经研磨的工件，其耐磨性、抗腐蚀性和疲劳强度也都相应提高，延长了工件的使用寿命。在汽车制造和修理行业中均有应用，如研磨发动机气门、气门座、高压油泵柱塞阀、喷油嘴等。研磨加工的基本原理包括物理和化学两方面的作用。

(1)物理作用。研磨时，涂在研具表面的磨料被压嵌入研具表面成为无数切削刃，当研具和被研工件做相对运动时，磨料对工件产生挤压和切削作用。

(2)化学作用。有些研磨剂易使金属工件表面氧化，而氧化膜又容易被磨掉，因此研磨时，一方面氧化膜不断产生，另一方面又迅速被磨掉，从而提高了研磨效率。

2. 研磨的工艺特点

研磨是一种切削量很小的精密加工，研磨余量不能过大，通常余量在0.005 ~ 0.03 mm。如研磨面积较大或形状精度要求较高时，则研磨余量可取较大值，可根据工件的公差来确定。研磨有以下特点：

(1)使工件表面获得很小的表面粗糙度。工件经研磨后表面粗糙度 Ra 一般可达到1.6 ~ 0.1 μm，最小 Ra 值可达到0.012 μm。

(2)使工件获得极高的尺寸精度和形状位置精度。工件经研磨后尺寸精度可达到0.001 ~ 0.002 mm，平面度可达到0.03 μm，同轴度可达到0.3 μm。

(3)能明显提高工件的耐磨性和耐腐性,延长工件的使用寿命。

(4)研磨具有设备简单,操作方便,加工余量小等工艺特点。

研磨方法一般可分为湿研、干研和半干研3类。

①湿研。又称敷砂研磨,把液态研磨剂连续加注或涂敷在研磨表面,磨料在工件与研具间不断滑动和滚动,形成切削运动。湿研一般用于粗研磨,所用微粉磨料粒度粗于W7。

②干研。又称嵌砂研磨,把磨料均匀地压嵌在研具表面层中,研磨时只需在研具表面涂以少量的硬脂酸混合脂等辅助材料。干研常用于精研磨,所用微粉磨料粒度细于W7。

③半干研。类似湿研,所用研磨剂是糊状研磨膏。研磨既可用手工操作,也可在研磨机上进行。

二、研具

研具是研磨时决定工件表面形状的标准工具,同时又是研磨剂的载体。研具的材料应有较高的几何精度和较小的表面粗糙度,组织细致、均匀,有较好的刚性和耐磨性,易嵌存磨料,研具工作面的硬度应稍低于工件的硬度,常用的材料有灰铸铁、球墨铸铁、软钢、铜等。湿研研具的金相组织以铁素体为主;干研研具则以均匀细小的珠光体为基体。研磨M5以下的螺纹和形状复杂的小型工件时,常用软钢研具。研磨小孔和软金属材料时,大多采用黄铜、紫铜研具。研具在研磨过程中也受到切削和磨损,如操作得当,它的精度也可得到提高,使工件的加工精度能高于研具的原始精度。

研具有不同的类型,常用的有研磨平板、研磨环、研磨棒等,如图8-1-5所示。

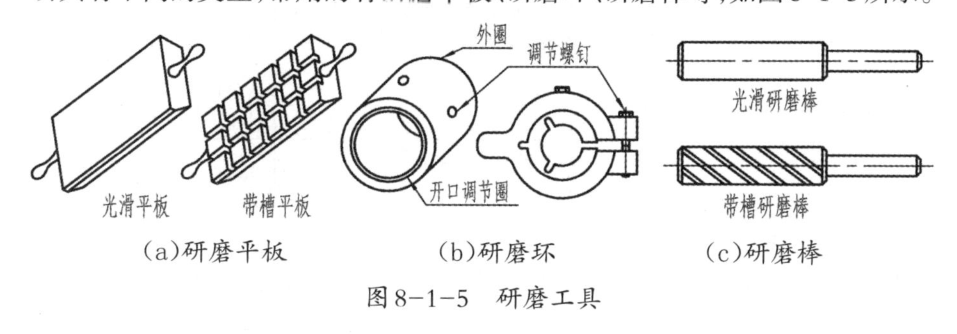

图8-1-5 研磨工具

三、磨料、研磨剂与研磨液

1.磨料

磨料在研磨中起切削作用,常用的磨料有以下三类:

(1)氧化物磨料。氧化物磨料有粉状和块状两种,主要用于碳素工具钢、合金工具钢、高速工具钢和铸铁工件的研磨。

（2）碳化物磨料。碳化物磨料呈粉状，它的硬度高于氧化物磨料，除了用于一般钢材制件的研磨外，主要用来研磨硬质合金、陶瓷之类的高硬度工件。

（3）金刚石磨料。金刚石磨料分为人造与天然两种，其切削能力、硬度比氧化物磨料都高，实用效果也好。一般用于硬质合金、宝石、玛瑙、陶瓷等高硬度材料的精研加工。

表 8-1-3　磨料的种类与用途

系列	磨料名称	代号	特性	使用范围
氧化铝系	棕刚玉	GZ(A)	棕褐色，硬度高，韧性大，价格便宜	粗精研磨钢、铸铁、黄铜
	白刚玉	GB(WA)	白色，硬度比棕刚玉高、韧性比棕刚玉差	精研磨淬火钢、高速钢、高碳钢及薄壁零件
	铬刚玉	GG(PA)	玫瑰红或紫色，韧性比白刚玉高，磨削粒粗糙度值低	研磨量具、仪表零件等
	单晶刚玉	GD(SA)	淡黄色或白色，硬度和韧性比白刚玉高	研磨不锈钢、高钒高速钢等高强度、韧性大的材料
碳化物系	黑碳化硅	TH(C)	黑色有光泽，硬度比白刚玉高，脆而锋利，导热性和导电性良好	研磨铸铁、黄铜、铝、耐火材料及非金属
	绿碳化硅	TL(GC)	绿色、硬度和脆性比黑碳化硅高，导热性和导电性良好	研磨硬质合金、宝石、陶瓷、玻璃等材料
	碳化硼	TP(BC)	灰黑色，硬度仅次于金刚石，耐磨性好	精研和抛光硬质合金，人造宝石等硬质材料
金刚石系	人造金刚石		无色透明或淡黄色、黄绿色、黑色，硬度高，比天然金刚石脆，表面粗糙	粗精研磨质合金，人造宝石、半导体等高硬度脆性材料
	天然金刚石		硬度最高，价格昂贵	
其他	氧化铁		红色至暗红色，比氧化铬软	精研磨或抛光钢、玻璃等材料
	氧化铬		深绿色	

磨料的粗细用粒度来表示，磨料标准GB2477-1983[1]规定粒度用41个粒度代号来表示，颗粒尺寸大于50 μm的磨粒用筛网法测定，粒度号有4号、5号……240号共27种，粒度号数字愈大，磨料愈细；颗粒尺寸很小的磨料用显微镜测定，W表示微粉，数字表示实际宽度，有W63、W50……W05共15种，这一组号数愈大，磨粒愈粗。各类磨料的应用情况见表8-1-4 。

① 编辑注：磨料现行标准为GB/T 248101-1998，具体内容可在互联网上查找。

表 8-1-4 磨料粒度选用

号数	研磨加工类别	表面粗糙度质量
W100～W50	用于最初的研磨加工	
W40～W20	用于粗研磨加工	Ra0.2～0.4 μm
W40～W20	用于半精研磨加工	Ra0.1～0.2 μm
W5 以下	用于精研磨加工	Ra0.1 μm 以下

2. 研磨液

研磨液在研磨中起调和磨料、冷却和润滑的作用。研磨液大体上分成油剂及水剂两类。

油剂研磨液有航空汽油、煤油、变压器油及各种植物油、动物油及烃类，配以若干添加剂组成。水剂研磨液由水及各种皂剂配制而成。油剂主要是黏度、润滑及防锈性能好，清洗必须配以有机溶剂，有环境污染及费用较高等缺点。水剂则是防锈能力差。

工作中要求研磨液应具备以下条件：

（1）有一定的稠度和稀释能力。磨料通过研磨液的调和与研具表面有一定的粘附性，才能使磨料对工件产生切削作用。

（2）有良好的润滑冷却作用。

（3）对操作者健康无害，对工件无腐蚀作用，且易于洗净。

3. 研磨剂

用磨料、研磨液和辅助材料（石蜡、蜂蜡等填料和黏性较大而氧化作用较强的油酸、脂肪酸、硬脂酸等）制成的混合剂，习惯上也列为磨具的一类。研磨剂用于研磨和抛光，使用时磨粒呈自由状态。由于分散剂和辅助材料的成分和配合比例不同，研磨剂有液态、膏状和固体 3 种。一般工厂均使用成品的研磨膏，使用时加适量的机油调和稀释即可制成研磨剂。

液态研磨剂不需要稀释即可直接使用。

膏状的研磨剂常称作研磨膏，可直接使用或加研磨液稀释后使用，用油稀释的称为油溶性研磨膏；用水稀释的称为水溶性研磨膏。

固体研磨剂(研磨皂)常温时呈块状，可直接使用或加研磨液稀释后使用。

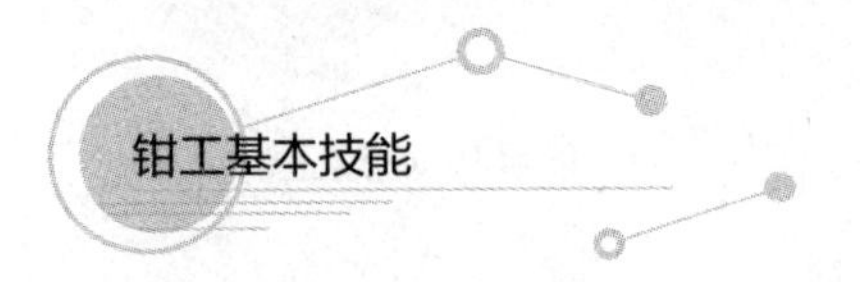

四、研磨的方法

1. 一般平面研磨方法

平面研磨时，首先要用压嵌法或涂敷法加上磨料，压嵌法是用工具(淬硬压棒或者三板互研)将研磨剂均匀嵌入平板，研磨质量较高；涂敷法是将研磨剂涂敷在工件和研具上，磨料难以分布均匀，质量不及压嵌法高。正确处理好研磨的运动轨迹是提高研磨质量的重要条件。在平面研磨中，一般要求：

(1)工件相对研具的运动，要尽量保证工件上各点的研磨行程长度相近。

(2)工件运动轨迹均匀地遍及整个研具表面，以利于研具均匀磨损。

(3)运动轨迹的曲率变化要小，以保证工件运动平稳。

(4)工件上任一点的运动轨迹尽量避免过早出现周期性重复。工件可沿平板全部表面，按直线、“8”字形、仿“8”字形、螺旋形运动等轨迹进行研磨。图8-1-3所示为常用的平面研磨运动轨迹。

(5)研磨时工件受压均匀，压力大小适中。压力大，切削量大，表面粗糙度值大；反之切削量小，表面粗糙度值小。为了减少切削热，研磨一般在低压低速条件下进行。粗研的压力不超过0.3 MPa，精研压力一般采用0.03 ~ 0.05 MPa。

(6)手工研磨时速度不应太快：手工粗研磨时，每分钟往复20 ~ 60次左右；手工精研磨时，每分钟20 ~ 40次左右(粗研速度一般为20 ~ 120 m/min，精研速度一般取10 ~ 30 m/min)。

2. 狭窄平面研磨方法

狭窄平面研磨时为防止研磨平面产生倾斜和圆角，研磨时应用金属块做成“导靠块”，采用直线研磨轨迹。如图8-1-6所示。若工件要研磨成半径为R的圆角，则采用摆动式直线研磨运动轨迹。

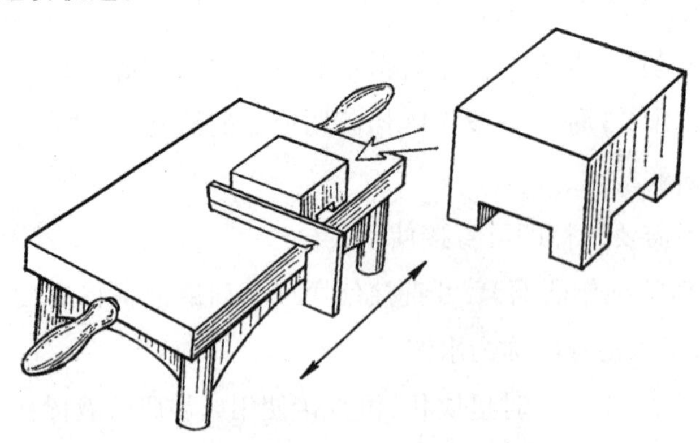

图8-1-6　窄平面(刀口形直尺面)导靠块研磨

3. 圆柱面的研磨方法

圆柱面研磨一般是手工与机器配合进行研磨。工件由车床或钻床带动旋转，其上均匀涂布研磨剂，用手推动研磨环在旋转的工件上沿轴线方向做反复运动研磨。一般机床转速：直径小于80 mm时为100 r/min；直径大于100 mm时为50 r/min。当出现45°交叉网纹时，说明研磨环移动速度适宜。如图8-1-7所示。

圆柱孔研磨时，可将研磨棒用车床卡盘夹紧并转动，把工件套在研磨棒上进行研磨。机体上大尺寸孔应尽量置于垂直地面方向，进行手工研磨。

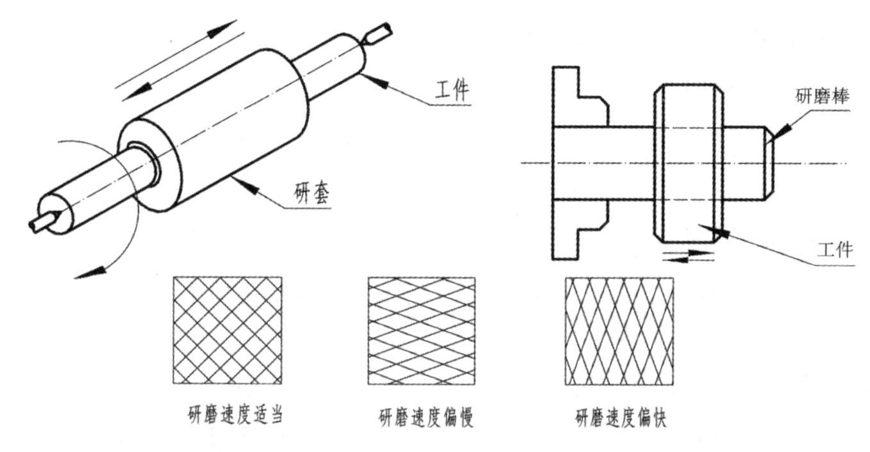

图8-1-7 圆柱面研磨

五、刮削

刮削的作用是提高互动配合零件之间的配合精度和改善存油条件。刮刀对工件表面有推挤和压光作用，对工件表面的硬度也有一定的提高。刮削后留在工件表面的小坑可存油，使配合工件在做往复运动时有足够的润滑而不致过热引起拉毛现象。

刮削是用刮刀在加工过的工件表面上刮去微量金属，以提高表面精度、改善配合表面间接触状况的钳工作业。刮削是机械制造和修理中最终精加工各种型面（如机床导轨面、连接面、轴瓦、配合球面等）的重要精加工方法。刮刀工作前角为负值，刮刀对工件有切削作用和压光作用，使工件表面光洁，组织紧密。刮削一般分为平面刮削和曲面刮削，另简单介绍下原始平板的刮削。

1. 平面刮削

（1）平面刮削的基本操作方法。

①手刮。手刮的姿势如图8-1-8所示，右手握刀柄，左手四指向下蜷曲握住刮刀距离刀端约50 mm处，刮刀与工件表面呈20°～30°角。刮削时刀刃抵住刮削面，左脚

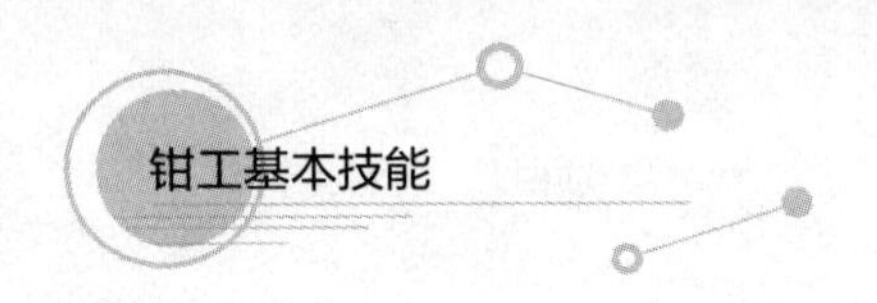

跨前一步，右手随着上身前倾前推刮刀，同时左手下压刮刀，完成一个刀迹长度时，左手立即提刀，完成一次刮削。手刮动作灵活、适应性强，但易疲劳，不宜刮削余量较大的工件。

②挺刮。挺刮姿势如图 8-1-9 所示，刀柄抵在小腹右下侧肌肉处，双手并拢握住刮刀前部，左手距刀端 80～100 mm。刮削时，刀刃抵在工件表面上，双手下压刮刀，利用腿和腰产生的爆发力前推刮刀，完成一个刀迹长度时立即提刀，完成一次刮削。挺刮的切削量较大，适合大余量刮削，效率高，但腰部易疲劳，因操作姿势的制约，刮削大面积工件较困难。对于大面积工件，用手刮和挺刮相结合的方法可以提高工效。

③手刮和挺刮的工艺方法。

第一，粗刮。用粗刮刀在刮削平面上均匀地铲去一层金属，以很快除去刀痕、锈斑或过多的余量。当工件表面每 25 mm×25 mm 有 4～6 个研点，并且有一定细刮余量时为止。

第二，细刮。用细刮刀在经粗刮后的表面上刮去稀疏的大块高研点，进一步改善不平现象。细刮时要朝一个方向刮，第二遍刮削时要用 45°或 65°的交叉刮网纹。当平均每 25 mm×25 mm 有 10～14 个研点时停止。

第三，精刮。用小刮刀或带圆弧的精刮刀进行刮削，使研点达到，每 25 mm×25 mm 有 20～25 个研点。精刮时常用点刮法(刀痕长为 5 mm)，且落刀要轻，起刀要快。

第四，刮花。刮花的目的主要是美观和积存润滑油。常见的花纹有：斜纹花纹、鱼鳞花纹和燕形花纹等。尽量使刀迹长度和深度一致，同时要求刮点准确，动作富有力感和节奏感。

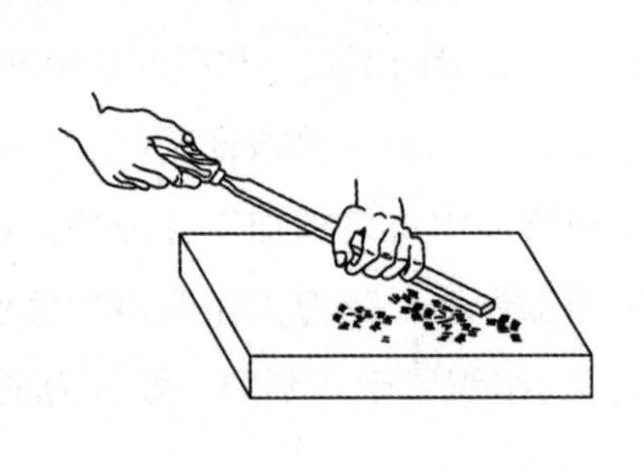

图 8-1-8　手刮方法

图 8-1-9　挺刮方法

(2)平面刮刀。

平面刮刀是刮削平面的主要工具,一般用碳素工具钢或轴承钢锻造,其切削部分刃磨成一定的几何形状,刃口锋利,有足够硬度。平面刮刀的规格见表8-1-5。平面刮刀分为普通刮刀和活头刮刀两种。

表8-1-5 平面刮刀的规格 (单位:mm)

种类\尺寸	全长 L	宽度 B	厚度 t
粗刮刀	400~600	25~30	3~4
细刮刀	400~500	15~20	2~3
精刮刀	400~500	10~12	1.5~2

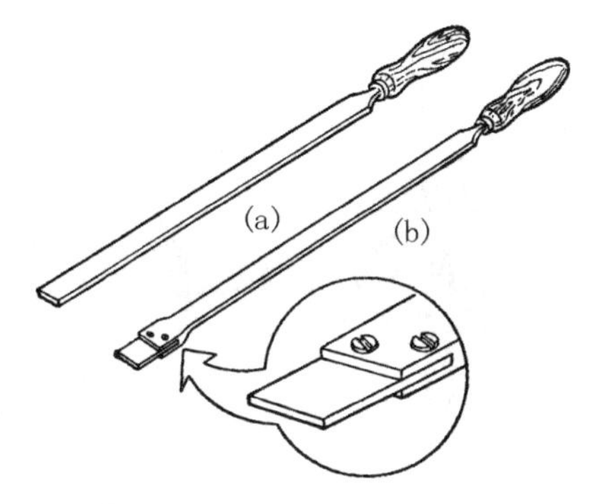

(a)普通刮刀 (b)活头刮刀

图8-1-10 平面刮刀

①平面刮刀刃磨与热处理方法 。

平面刮刀的头部几何形状和角度如图8-1-11所示,除韧性材料刮刀(一般用于粗刮)外,均为负前角,粗刮刀顶端角度为90°~92.5°,刀刃平直;细刮刀为95°左右,刃部稍带圆弧;精刮刀为97.5°左右,刀刃为圆弧形。平面刮刀的刃磨和热处理过程为:粗磨—热处理(淬火)—细磨—精磨。

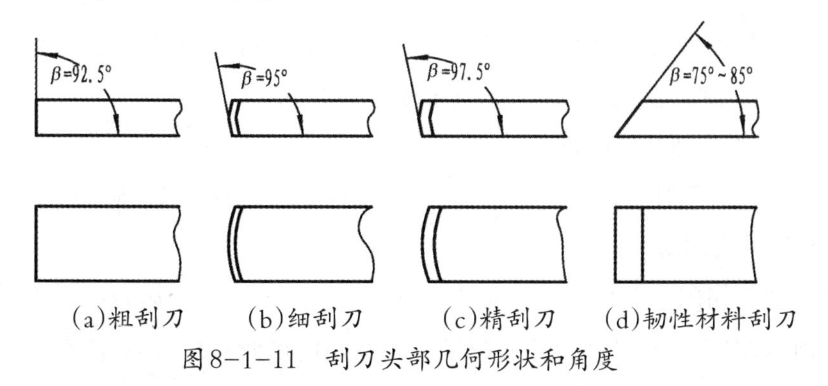

(a)粗刮刀 (b)细刮刀 (c)精刮刀 (d)韧性材料刮刀

图8-1-11 刮刀头部几何形状和角度

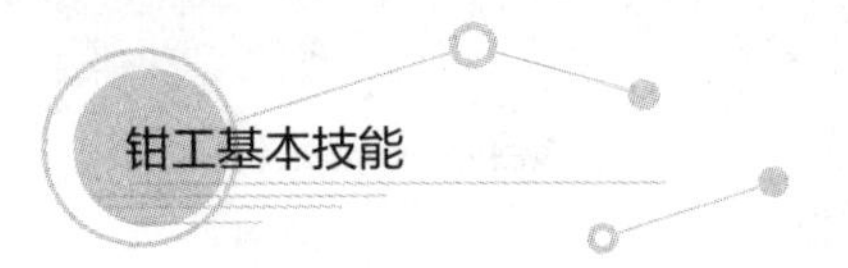

第一，粗磨。刮刀的粗磨方法如下：

在砂轮棱边上磨去刮刀两平面上的氧化皮后在砂轮侧平面上磨平两平面，刀端磨出切削部分厚度(注意厚度要求一致)。刃磨时由轮缘逐步平贴在砂轮侧面上，不断前后移动进行刃磨。

在砂轮轮缘上修磨刮刀顶端面。为了防止弹抖和出事故，刃磨时先以一定的倾斜角度缓慢与砂轮接触，再逐步转动至水平。磨刮刀时，施加的力应通过砂轮轴线，力的大小要适当，避免弹抖过大。人体应站在砂轮的侧面，严禁正面朝向砂轮。粗磨后的刮刀两平面应平整，切削部分有一定厚度，刮刀两侧面与刀身中心线对称，刀端面与刀身中心线应垂直。如图 8-1-12 所示。

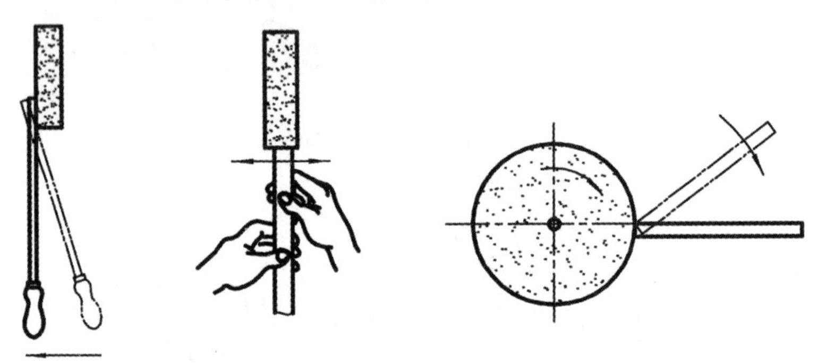

(a)粗磨刮刀平面　(b)粗磨刮刀顶端面　(c)顶端面粗磨方法

图 8-1-12　平面刮刀的刃磨

第二，平面刮刀的热处理方法。

将粗磨好的刮刀头部(长 25 ~ 30 ㎜)，放在炉中加热到 780 ~ 800 ℃(呈樱桃色)，取出后迅速放入冷水(或者加盐 10%的水)中冷却，刀头浸入水中深度 8 ~ 10 ㎜，刮刀做缓慢平移和少许上下移动，以免使淬硬部分产生明显界线。当刮刀露出水面部分呈黑色时，从水中取出刮刀；刀刃部分变为白色时，迅速将刮刀浸入水中冷却，直到刮刀全部冷却取出。热处理后的硬度要求达到 HRC60 以上。精刮刮刀及刮花刮刀可用油冷却，可以避免裂纹产生，使金相组织细密，便于刃磨。

第三，刮刀的细磨与精磨。

热处理后的刮刀可在细砂轮上细磨，当其基本达到刮刀的几何形状和要求后，用油石加机油进行精磨。

精磨刮刀切削部分两平面。如图 8-1-13(a)所示，右手握刀身上部手柄，右手肘抬平刮刀，左手掌压平刮刀使刀面平贴油石横向来回直线移动，依次磨平两平面。

精磨刮刀切削部分端面。如图8-1-13(b)所示,初学者可按图8-1-13(c)的方法刃磨,左手扶住刀身,右手握住刀身下部,刀端贴油石面上,刀身略前倾,加压前推刮刀,回程略上提。精磨后的刮刀其切削部分的形状应达到两平面平整光洁、刃口锋利、角度正确的要求。

(3)油石的使用和保养。

新油石要放入机油中浸透才能使用。刃磨时油石表面加足机油并保持表面清洁,刮刀在油石上要经常改变位置,避免油石表面磨出沟槽。

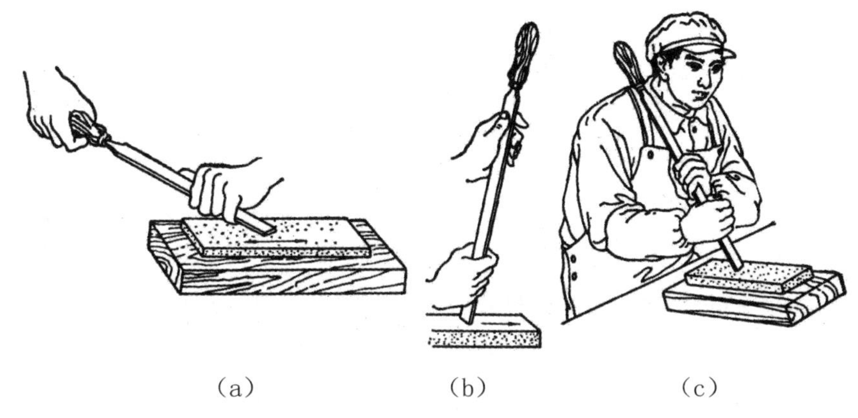

(a)　　(b)　　(c)

图8-1-13 平面刮刀在油石上的刃磨

2. 曲面刮削

为了使曲面配合面的工件有良好的配合精度,往往需要对曲面进行刮削加工,如轴承的轴瓦及模具零件上的一些曲面配合处等。

(1)曲面刮削操作方法。

①短柄三角刮刀的操作。刮削内曲面时,右手握刀柄,左手横握刀身,拇指抵住刀身。刮削时,左、右手同时做圆弧运动,顺着曲面使刮刀作后拉或前推的螺旋运动,刀具运动轨迹与曲面轴线呈约45°角,且交叉进行。如图 8-1-14(a)所示。

②长柄三角刮刀的操作。刮削内曲面时,刀柄放在右手肘上,双手握住刀身。刮削动作和运动轨迹与短柄三角刮刀相同。如图 8-1-14(b)所示。

③外曲面刮削姿势。如图 8-1-15所示,两手捏住刮刀的刀身,右手掌握方向,左手加压或者提起,刮刀柄搁置在右手小臂上。刮削时,刮刀面与轴承端面倾斜呈30°角,应交叉刮削。

(2)曲面刮削质量的检测。

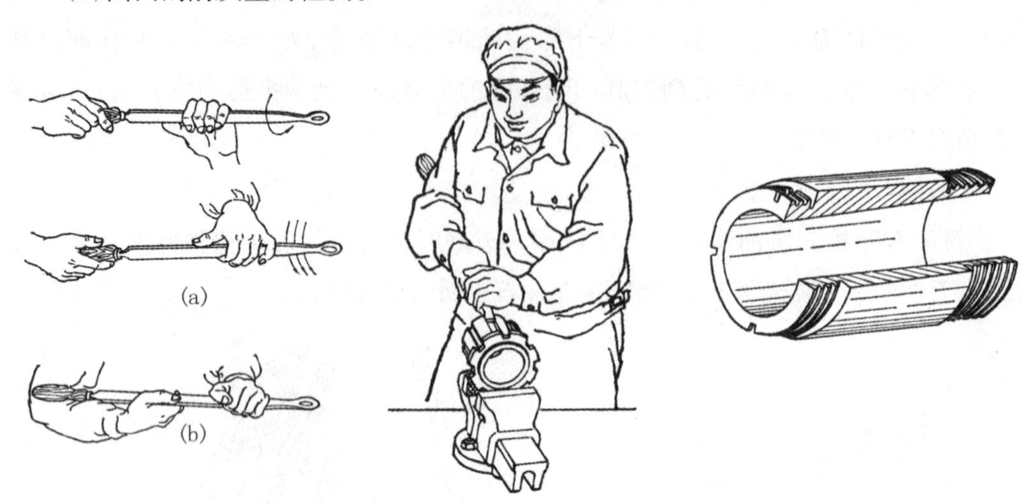

图8-1-14　内曲面刮削姿势　　图8-1-15　外曲面刮削姿势　　图8-1-16　铜轴承

①涂色检验研点数。检验一般以相配合的轴作为校准工具，涂上显示剂与曲面互研显点，用25 mm×25 mm方框在曲面的任意位置检查，以方框内最少研点数来表示曲面的刮研质量，见表8-1-6。

表8-1-6　曲面刮削的检验点数

轴承直径(mm)	机床或精密机械主轴轴承			锻压设备、通用机械的轴承		动力机械、冶金设备的轴承	
	高精度	精密	普通	重要	普通	重要	普通
	每25 mm×25 mm内的研点数						
≤120	25	20	16	12	8	8	5
>120		16	10	8	6	6	2

②涂色检验接触率。检验时一般过程与检验研点数的互研过程相同，只是在表示刮研质量时，用研点区域的面积与整个曲面的面积的百分比(接触质量)来表示。

(3)铜轴承曲面刮削操作工艺。

①将轴承座轴瓦装夹到台虎钳上，采用正前角粗刮三角刮刀粗刮轴瓦，并用相配合的轴为校准工具进行互研检验，达到25 mm×25 mm内的研点数16点。

②采用较小前角细刮三角刮刀细刮轴瓦，并用相配合的轴为校准工具进行互研检验，达到25 mm×25 mm内的研点数20点。

③采用负前角精刮三角刮刀精刮轴瓦，并用相配合的轴为校准工具进行互研检验，达到25 mm×25 mm内的研点数25点。铜轴承如图8-1-16所示。

(4)曲面刮刀。

常用的曲面刮刀有三角刮刀、舌头刮刀和柳叶刮刀等几种。三角刮刀一般用工具钢锻制或用三角锉刀刃磨改制,市面上也有成品出售,用于内曲面的刮削。三角刮刀根据刮削性质的不同,其前角角度有不同的要求,一般用于粗刮的三角刮刀采用正前角,其切屑较厚;用于细刮的三角刮刀采用较小的正前角,其切屑较薄;用于精刮的三角刮刀采用负前角,其只对刮研面进行修光。如图8-1-17(a)、(b)所示。舌头刮刀由工具钢锻制成形,它利用两圆弧面刮削内曲面,它的特点是有四个刀口,为了使平面易于磨平,在刮刀头部两个平面上各磨出一个凹槽,如图8-1-17(c)所示。

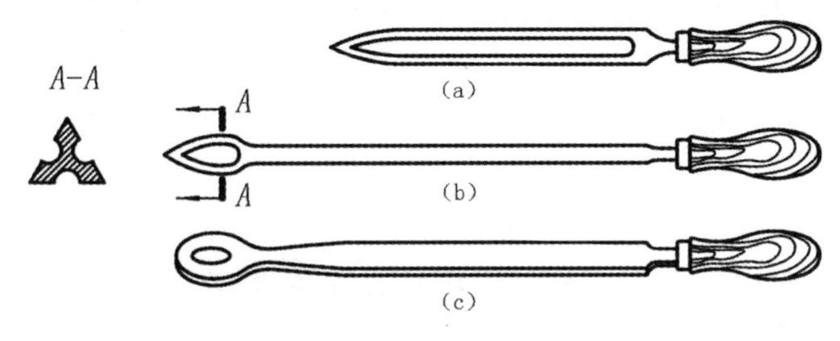

图8-1-17 面刮刀

3. 原始平板的刮削

原始平板的刮削是采用三块原始平板依次相互循环互研互刮,在没有标准平板的情况下获得符合平面度要求的刮削方法。要注意三块平板的对研顺序,不能错误,通过反复地对研粗刮、细刮、精刮,并用25 mm×25 mm方框检测点数,用百分表测量平面的扭曲程度,以加工出合格的平板。

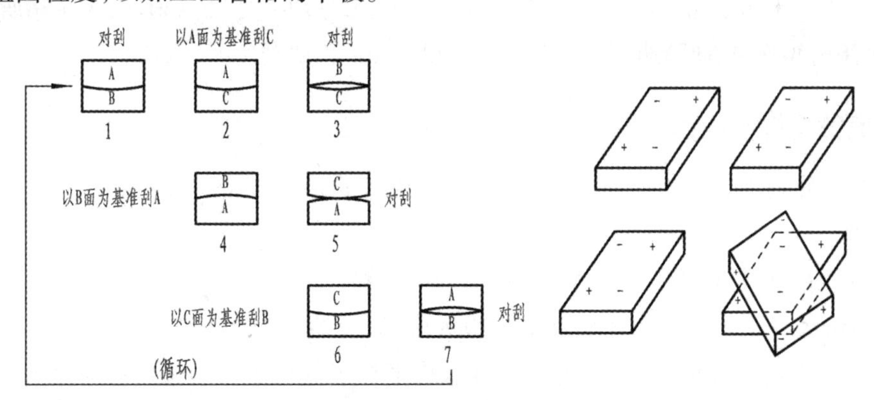

图8-1-18 原始平板的刮削工艺

刮削原始平板一般采用渐进法(三板互研法)。三板互研法就是以三块粗刮后的平板为一组,经过正研循环和对角研两个刮研过程,逐步使三块平板达到标准平板精度要求的操作方法。方法如下:

(1)正研循环。三块平板的正研循环如图8-1-18所示。三块平板分别编号“A、B、C”,按一定次序两两组合,涂显示剂进行正研显点,然后作为基准面的平板不刮,只修刮不是基准面的平板。经过多次反复循环刮研后,三块平板逐步消除纵、横方向误差,各块板面显点基本一致,达到每25 mm×25 mm内有12 ~ 15个研点。正研是相互对研的两块平板,在纵向或横向方向上做直线对研的操作过程。

(2)对角研。正研循环后,板面可能扭曲,将互研的两块平板互错一定角度进行对角研刮,可以消除板面的扭曲。

(3)经过对角刮研后,当三块平板无论正研、对角研或调头研其研点都一致,点数符合要求时,原始平板的刮研即可结束。点数达每25 mm×25 mm内有25个研点为0级精度,点数达每25 mm×25 mm内有25个研点为1级精度,点数达到每25 mm×25 mm内有20个研点为2级精度,点数达到每25 mm×25 mm内有16个以上研点为3级精度。

六、研磨注意事项

(1)粗研磨、精研磨要分开进行,如粗研磨、精研磨必须在一块平板上完成,粗研磨后必须全面清洗平板。

(2)研磨剂要分布均匀,每次不能上料过量,避免工件边沿损坏。要注意清洁,避免杂质混入研磨剂。

(3)工件需经常调头进行研磨,并经常改变工件在研具上的位置,防止研具磨损。

(4)研磨时压力大小适中。粗研磨的压力不超过0.3 MPa,精研磨压力一般采用0.03 ~ 0.05 MPa。

(5)手工研磨时速度不应太快:手工粗研磨时,每分钟往复20 ~ 60次;手工精研磨时,每分钟20 ~ 40次(粗研磨速度一般为20 ~ 120 m/min,精研磨速度一般取10 ~ 30 m/min)。

七、研磨安全操作规程

(1)百分表和标准平板直尺是精密量具,要注意清洁保养,轻拿轻放,不能和工具重叠磕碰。

(2)研磨时,防止因用力过猛身体失控导致发生事故。

(3)研磨平板工件不能超出标准平板太多,以免掉下损坏和伤人。

(4)研磨时用力要均匀,防止用力过猛将平板工件推出平板边沿损坏工件或者造成人员受伤。

(5)保持研具和磨料、研磨剂、研磨液的清洁,防止磨料被污染和杂质混入。

(6)防止研磨料进入眼睛。

任务评价

对研磨的加工质量，根据表8-1-7中的评分要求进行评价。

表8-1-7 工件研磨情况评价表

评价内容	评价标准	分值	学生自评	教师评估
准备工作	准备充分	5分		
工具的识别	正确使用工具	5分		
工具的使用	正确使用	5分		
表面粗糙度 $Ra0.4\mu m$(3面)	达到要求	20分		
直线度0.005 mm(3面)	达到要求	25分		
平面度0.01 mm	达到要求	20分		
安全文明生产	没有违反安全操作规程	10分		
情感评价	按要求做	10分		
学习体会				

一、填空题(每题10分,共50分)

1.用研磨工具和研磨剂从工件上研去________的精加工方法称为研磨。

2.工件经研磨后尺寸精度可达到________mm,表面粗糙度可达到________。

3.研磨液在研磨中起________磨料、冷却和润滑的作用。

4.磨料的粗细用________来表示。

5.研磨加工的基本原理包括________两方面的作用。

二、判断题(每题10分,共50分)

1.碳化物磨料可研磨硬质合金、陶瓷之类的高硬度工件。 (   )

2.研磨剂是用磨料、研磨液和辅助材料制成的混合剂。 (   )

3.工件上任一点的运动轨迹尽量避免过早出现周期性重复。 (   )

4.金刚石磨料主要用于碳素工具钢、合金工具钢、高速工具钢和铸铁工件的研磨。 (   )

5.研具工作面的硬度应稍高于工件的硬度。 (   )

项目九 锉配

在生产中，钳工除了需要用锉削的方法加工一些单个工件外，有时还需要加工一些配合件，特别是在装配和修理过程中，锉配是保证装配要求的一种基本加工方法。如下图所示。掌握锉配的技能并能达到一定的技术要求，也是钳工的基本技能要求。如配钥匙。

锉配又称为镶嵌，是钳工综合运用基本操作技能和测量技术，使工件达到规定的形状、尺寸和配合要求的一项重要操作技能。它反映了操作者掌握钳工基本操作技能和测量技术的能力及熟练程度。因而锉配技能是钳工技能的核心技能之一，要求重点掌握。

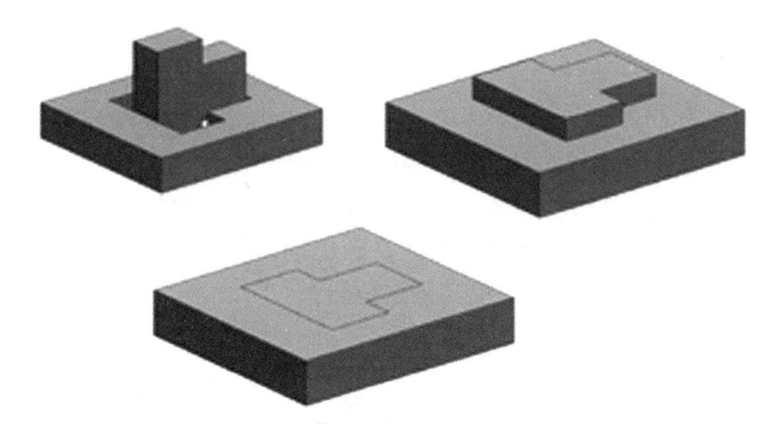

“T”形体的锉配

目标类型	目标要求
知识目标	(1)知道多件拼块镶配的加工工艺 (2)知道角度和对称度的加工方法 (3)知道配合件的检测方法
技能目标	(1)能遵守钳工安全操作规程 (2)能正确地编制锉配加工工艺 (3)能正确测量配合件的配合间隙 (4)能熟练应用锉削技能 (5)能熟练使用钻削技能进行孔加工
情感目标	(1)能养成根据技术要求自主安排加工工艺的工作习惯 (2)能在工作中和同学协作完成任务 (3)能意识到规范操作和安全作业的重要性

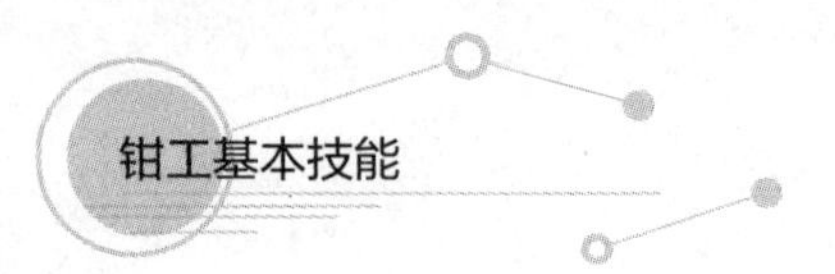

任务　锉冲孔凸模、凹模的配合

任务目标

(1)会使用锉削工具。

(2)能正确进行间隙测量和对称度计算。

(3)能正确安排配合件加工及配合工艺。

(4)能准确钻孔铰孔。

任务分析

三件拼块镶配是中级技能水平的钳工配合操作技能的综合训练。制作中要仔细认真,控制好基准尺寸和形位加工精度,试配中要仔细观察分析,做到每加工一步都要心中有数,不盲目加工。测量和工艺步骤也是训练的重点和关键。学生通过练习能丰富加工工艺及操作的经验,提高操作技能。

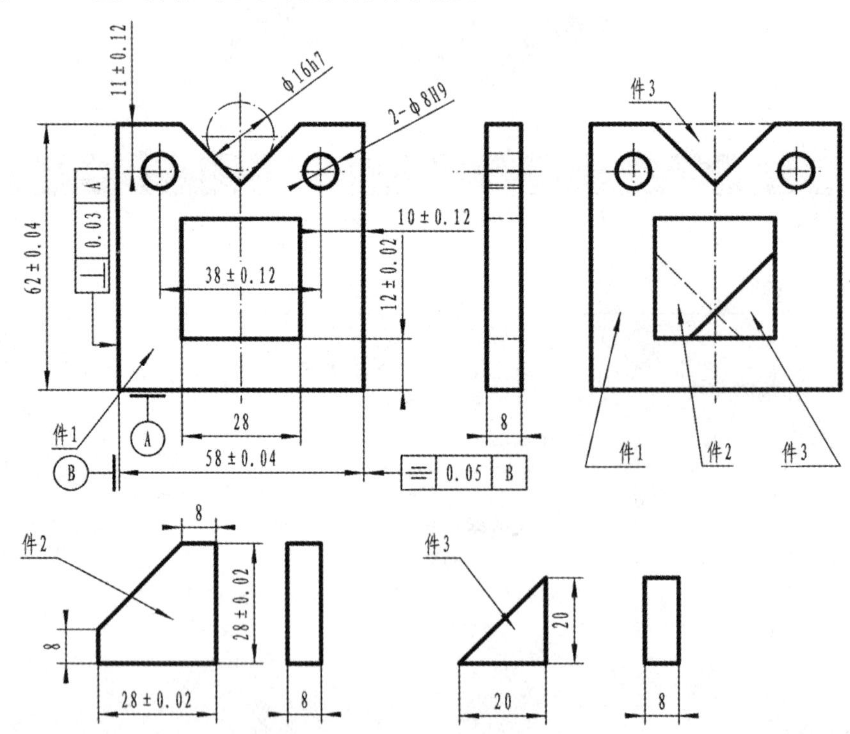

技术要求：
1.各外锉削面 $Ra1.6\ \mu m$，各内锉削面 $Ra3.2\ \mu m$。
2.件2与件1组合后，能按图示进行配合，配合间隙0.04 mm。
3.件3与件1配合间隙0.04 mm，配合面直线度0.05 mm。
4.工件内角处不允许削楔。

图9-1-1 锉配任务：三件拼块镶配

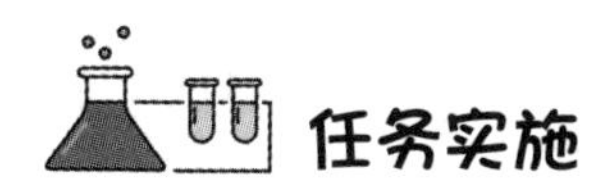

任务实施

一、工具、量具的准备（表9-1-1）

表9-1-1 工具、量具准备清单

序号	名称	规格	数量
1	高度游标卡尺	0～300 mm	1把/组
2	游标卡尺	0～150 mm	1把/组
3	刀口形直尺	100×63 mm	1把/组
4	百分尺	0～25 mm	1把/组
5	百分尺	25～50 mm	1把/组
6	百分尺	50～75 mm	1把/组
7	百分尺	75～100 mm	1把/组
8	万能角度尺	0°～320°	1把/组
9	划线平板	500 mm×350 mm	1个/组
10	划针		1支/组
11	划规		1支/组
12	样冲		1支/组
13	锤子	0.5 kg	1把/人
14	方箱	200 mm×200 mm×200 mm	1支/组
15	扁锉刀	粗齿300 mm	1把/人
16	扁锉刀	中齿150 mm	1把/人
17	方锉刀	中齿200 mm	1把/人
18	三角锉刀	中齿200 mm	1把/人
19	三角锉刀	中齿150 mm	1把/人
20	锯弓	300 mm	1把/人
21	锯条	300 mm	1条/人
22	麻花钻	ϕ7.8 mm	1支/组
23	手用铰刀	ϕ8.0 mm	1支/组

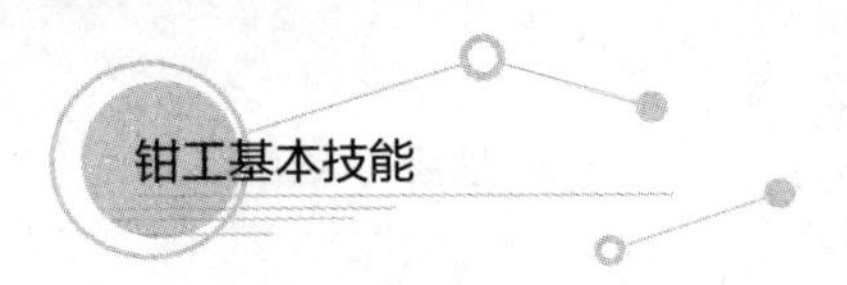

二、三件拼块镶配工艺

1. 检查毛坯尺寸，做外形修整

要求用300 mm的粗齿锉刀配合200 mm的细齿锉刀加工，先粗、精加工出一组直角面，再加工平行面达到外形尺寸要求和形位公差（平面度0.03 mm、垂直度平行度0.05 mm）要求（六面靠角尺），保证表面粗糙度达到Ra6.3 μm。

2. 件2加工

先加工两组尺寸$28^{+0.02}_{-0.02}$ mm，保证垂直精度，如图9-1-2所示，再加工一角度面45°锯割去料，如图9-1-3所示，保证尺寸8 mm，角度45°±4′，如图9-1-4所示。各面平面度≤0.02 mm，垂直度≤0.02 mm，平行度≤0.02 mm，表面粗糙度Ra1.6 μm。

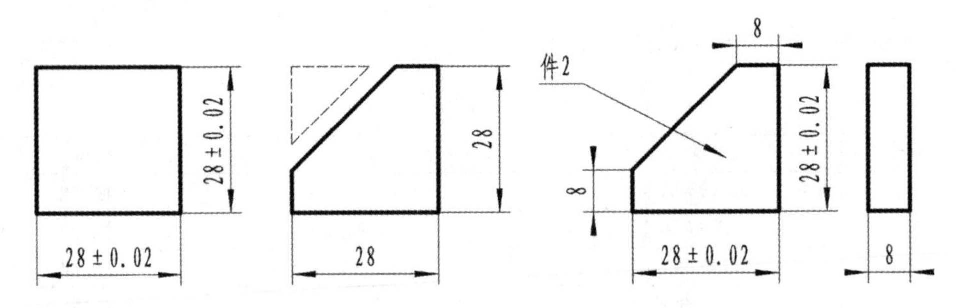

图9-1-2 锉削长方体　图9-1-3 锯割去料　图9-1-4 角度加工

3. 件3加工

加工件3长方体各尺寸面，达到尺寸$20^{+0.02}_{-0.02}$ mm要求，保证各面平面度≤0.02 mm，垂直度≤0.02 mm，平行度≤0.02 mm；表面粗糙度Ra1.6 μm，如图9-1-5所示；锯割，如图9-1-6所示料，保证尺寸$20^{+0.02}_{-0.02}$ mm，角度45°±4′；与件2配作45°角，如图9-1-7所示。配合间隙达到0.04 mm。接合面直线度0.05 mm。必须能翻面。

注意45°角的准确加工，不然在以后的配合中，不能达到翻面的配合要求。

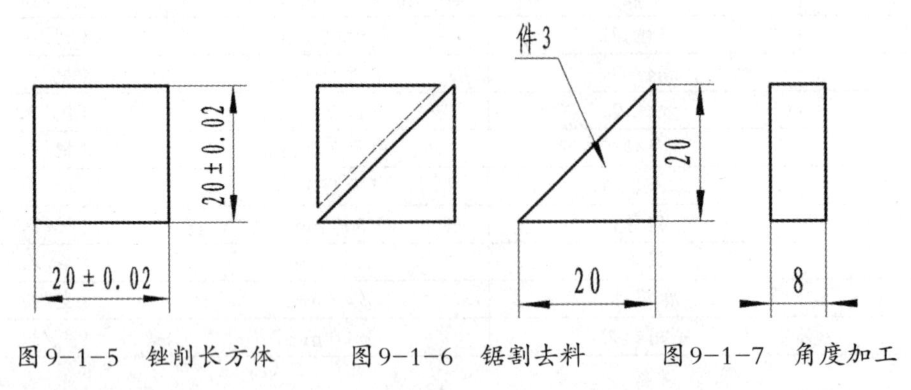

图9-1-5 锉削长方体　图9-1-6 锯割去料　图9-1-7 角度加工

4. 件1加工

先精修长方体达到尺寸58 $^{+0.04}_{-0.04}$ mm×62 $^{+0.04}_{-0.04}$ mm，保证各面平面度≤0.02 mm，垂直度≤0.03 mm，平行度≤0.02 mm；表面粗糙度Ra1.6 μm。然后对方孔和"V"形槽划线打样冲眼、钻排料孔，去废，粗锉削方孔和"V"形槽外形。

孔位置划线，打样冲眼，钻孔、孔口倒角，保证38 $^{+0.12}_{-0.12}$ mm的位置尺寸精度；然后铰孔。注意铰孔时，加少许机油，保证铰孔精度达到H9（也可以和去废料排孔一起钻孔）。

精修尺寸12 $^{+0.02}_{-0.02}$ mm，保证尺寸精度，保证各面平面度≤0.02 mm，垂直度≤0.02 mm（与非加工基准面），平行度≤0.02 mm；表面粗糙度Ra1.6 μm。

再精锉削28 mm尺寸内角尺面，保证尺寸10 mm，注意角尺，保证垂直度。如图9-1-8所示。

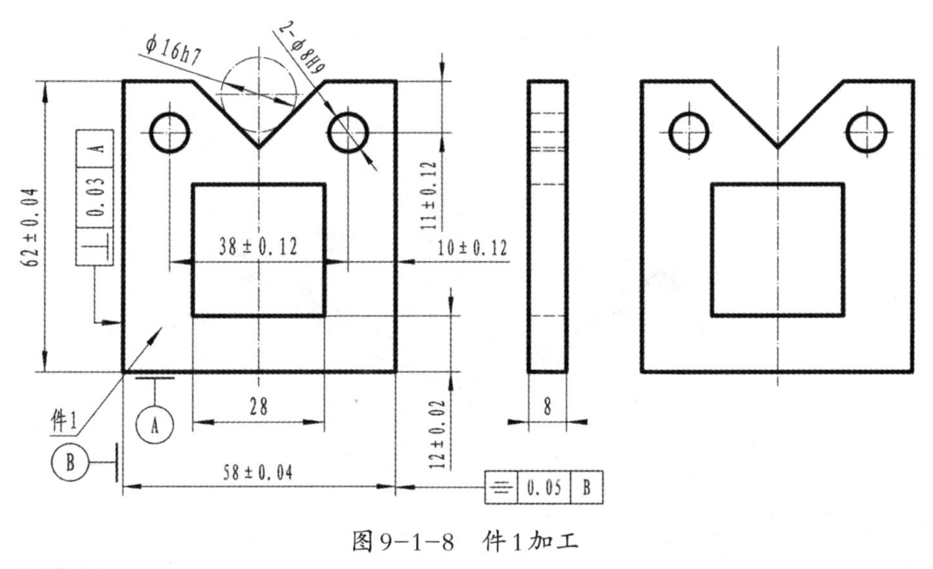

图9-1-8 件1加工

5. 锉配

件1、件2、件3方孔锉配。先锉配28 mm第一组面（宽度方向），再锉配28 mm第二组面（长度方向）；注意先要紧配合，62 mm尺寸方向配入后再锉配58 mm尺寸方向；用透光和涂色法检查，逐步进行整体修锉，使件2、件3组合长方体推进推出松紧适当，达到配合要求。待整体配入后再翻面锉配。锉配前，为防止各个锐边抵触，可先用三角锉适当消隙，注意不要留下外形痕迹，以免失分。

件3与件1的直角"V"形锉配。先锉削件1的直角"V"形槽，留少许余量。然后以件3为基准件，修配"V"形槽，如图9-1-9所示。

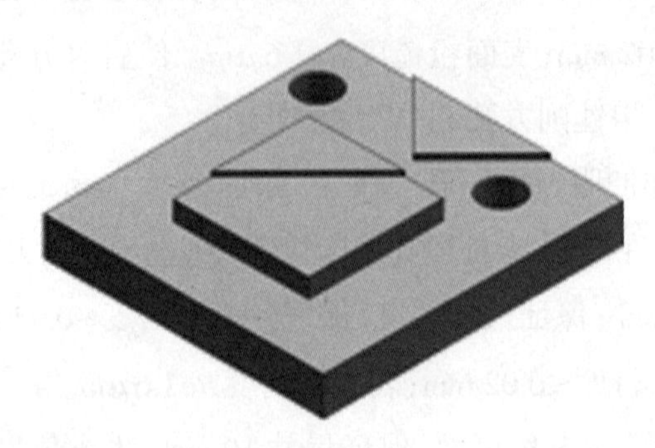

图 9–1–9　锉配

6. 修整、检验

抛光、去毛刺。用塞尺检查配合精度，达到换位后最大间隙不得超过0.05 mm，塞入深度不得超过3 mm，如图9–1–10所示。

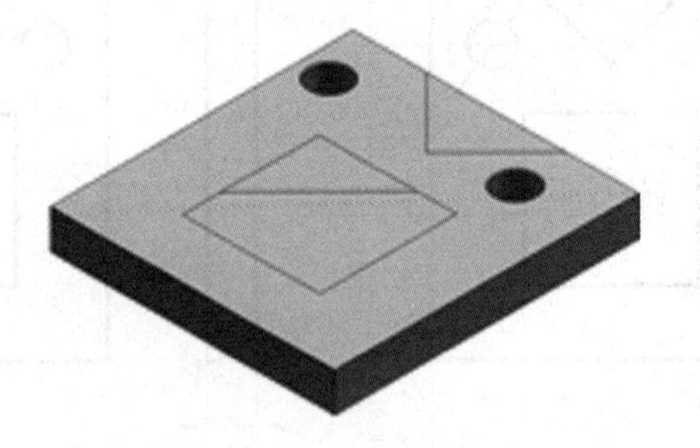

图 9–1–10　修整、检验

我们上面已学习了锉配的相关知识和各种工具的使用方法，并进行了任务练习，下面来做一做另一零件：角尺的锉配练习，如图9–1–11所示，看谁做得又好又快。

备料长80 mm、宽80 mm、高4 mm的钢板，根据前面练习方法和工艺步骤(也可以自己制订工艺方法和步骤)，然后和其他同学互相评价，最后教师给你评定并计分。

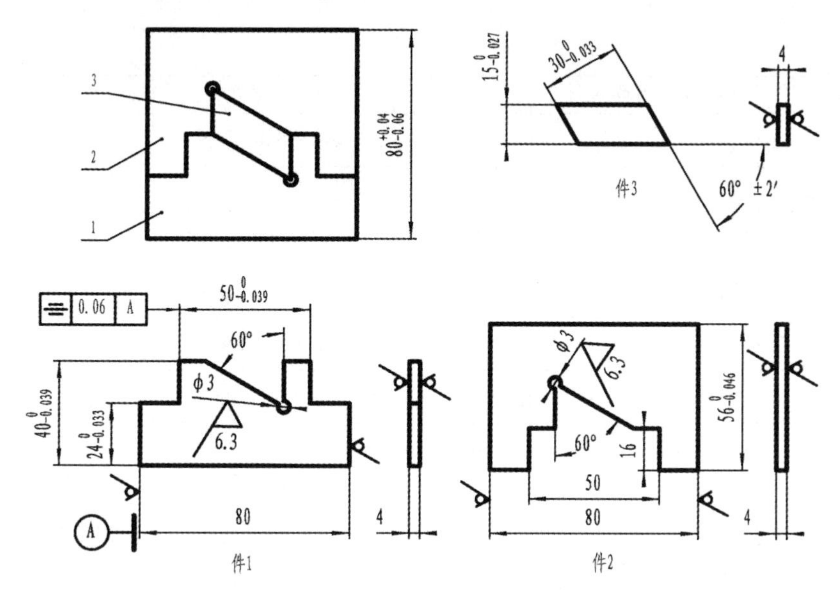

技术要求:

1.未注表面粗糙度为 $Ra3.2\ \mu m$。

2.件1与件2两侧位错量≤0.05 mm。

3.件3与件2和件1两侧位错量≤0.05 mm。

图9-1-11 三件镶配图

参考评分标准,见表9-1-12。

表9-1-2 三件拼块镶配评分表

序号	项目与技术要求	配分	评分标准	检测记录	得分
件1					
1	$50\ _{-0.039}^{0}$ mm	5分	超差不得分		
2	$40\ _{-0.039}^{0}$ mm	5分	超差不得分		
3	$24\ _{-0.033}^{0}$ mm	4分	超差不得分		
4	$Ra3.2\ \mu m$(9处)	0.5分×9	不合格不得分		
5	对称度0.06 mm	3分	超差不得分		
件2					
6	$Ra3.2\ \mu m$ (9处)	0.5分×9	不合格不得分		
7	$56\ _{-0.046}^{0}$ mm	5分	超差不得分		
件3					
8	$30\ _{-0.033}^{0}$ mm	5分	超差不得分		
9	$15\ _{-0.027}^{0}$ mm	5分	超差不得分		
10	60°±4 '(2处)	2分×2	超差不得分		

续表

序号	项目与技术要求	配分	评分标准	检测记录	得分
11	$Ra3.2\ \mu m$(4处)	2分	不合格不得分		
配合					
12	$80^{+0.04}_{-0.06}$ mm	5分	超差不得分		
13	60°处错位量≤0.05 mm	4分	超差不得分		
14	两外侧错位量≤0.05 mm	4分	超差不得分		
15	配合间隙≤0.04 mm(10处)	3分×10	超差不得分		
16	安全生产与职业素养	10分	现场评定		
工时定额	6h	作业时间			

参考工艺,见表9-1-3。

表9-1-3　三件拼块镶配加工工艺过程

步骤	工艺方法及工艺步骤图示	
1	检查毛坯尺寸,作精修整(件1、件2、件3)	
2	加工件3:先加工尺寸 $15^{+0}_{-0.027}$ mm平行面,保证尺寸精度,再加工一角度面60°,然后加工另一角度面60°,保证尺寸 $30^{+0}_{-0.033}$ mm,各面平面度≤0.02 mm,垂直度≤0.02 mm,平行度≤0.02 mm,表面粗糙度 $Ra1.6\ \mu m$	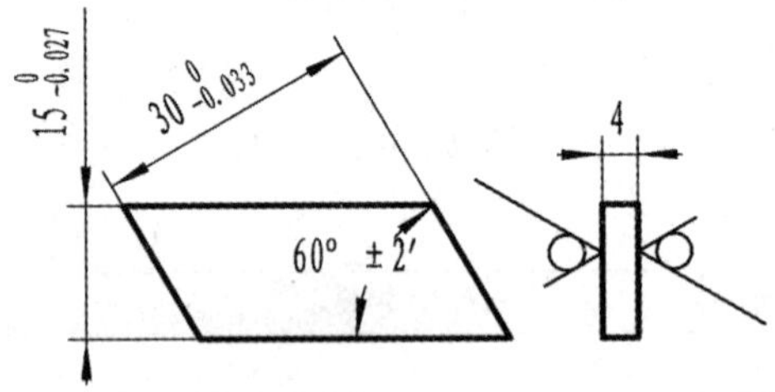 $15^{0}_{-0.027}$ $30^{0}_{-0.033}$ 60° ±2′ 4
3	加工件1:加工件1各尺寸面,达到图纸尺寸要求,保证各面平面度≤0.02 mm,垂直度≤0.02 mm,平行度≤0.02 mm,对称度≤0.06 mm;表面粗糙度 $Ra1.6\ \mu m$;钻 $\phi 3$ 消气孔;与件3配作60°角	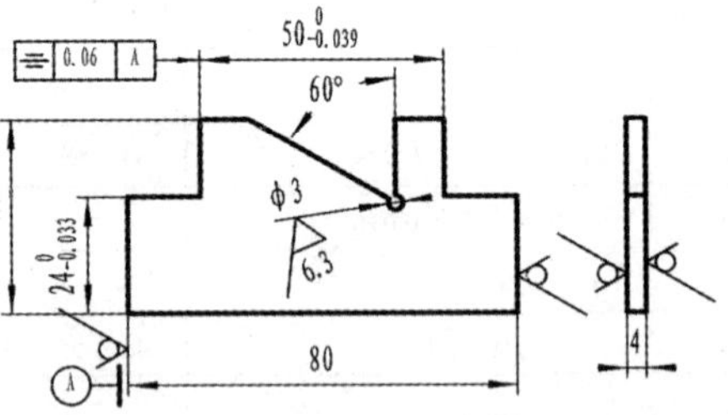 0.06 A $50^{0}_{-0.039}$ 60° φ3 6.3 $40^{0}_{-0.039}$ $24^{0}_{-0.033}$ 80 A 4

续表

步骤	工艺方法及工艺步骤图示	
4	加工件2:以件1为母件配作件2各配合面;以件3为母件与件2和件1配作件2角度面60°;各配合面保证间隙单边≤0.04 mm,表面粗糙度Ra3.2 μm	
5	按图纸要求配作修整,件1与件2错位量≤0.05 mm;各间隙精修整符合图纸要求,配合长度尺寸精度达到$80^{+0.04}_{-0.06}$ mm要求	

相关知识

一、锉配和类型

锉配是钳工综合运用基本操作技能和测量技术,使工件达到规定的形状、尺寸和配合要求的一项重要操作技能。

锉配按其配合形式可分为平面锉配、角度锉配、圆弧锉配和上述三种锉配形式组合在一起的混合式锉配。按其种类不同可分为以下几种:

开口锉配件可以在一个平面内平移,要求翻转配合、正反配合均达到配合要求。其典型题例如图9–1–12(a)所示。

半封闭锉配轮廓为半封闭形状,腔大口小,锉配件只能垂直方向插进去,一般要求翻转配合、正反配合均达到配合要求,如图9–1–12(b)所示。

内镶配轮廓为封闭形状，一般要求多方位、多次翻转配合均达到配合要求。

多件配是指多个配合件组合在一起的锉配，要求互相翻转、变换配合件中任一件的位置均能达到配合要求，如图9-1-12(c)所示。

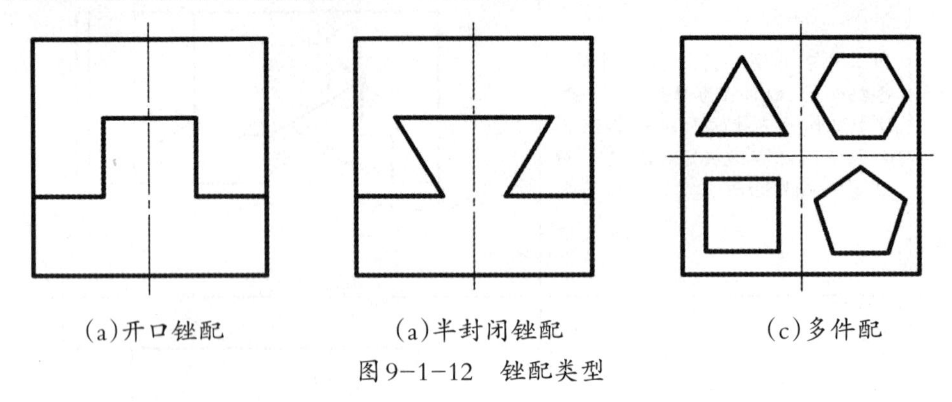

(a)开口锉配　(a)半封闭锉配　(c)多件配

图9-1-12　锉配类型

二、锉配的基本原则

为了保证锉配的质量，提高锉配的效率和速度，锉配时应遵从以下一般性原则：

① 凸件先加工、凹件后加工的原则。

② 按测量从易到难的原则加工。

③ 按中间公差加工的原则。

④ 按从外到内、从大面到小面加工的原则。

⑤ 按从平面到角度、从角度到圆弧加工的原则。

⑥ 对称性零件先加工一侧，以利于间接测量的原则。

⑦ 最小误差原则——为保证获得较高的锉配精度，应选择有关的外表面作为划线和测量的基准。因此，基准面应达到最小形位误差要求。

⑧ 在运用标准量具不便或不能测量的情况下，优先制作辅助检具和采用间接测量方法的原则。

⑨ 综合兼顾、勤测慎修、逐渐达到配合要求的原则。

小提示

在做精确修整前，应将各锐边倒钝，去毛刺、清洁测量面。否则，会影响测量精度，造成错误的判断。配合修锉时，一般可通过透光法和涂色显示法来确定加工部位和余量，逐步达到规定的配合要求。

三、锉配注意事项

（1）锉配件的划线必须准确，线条要细而清晰，两面要同时一次划线，以便加工时检查。

（2）为达到转位互换的配合精度，开始试配时，其尺寸误差都要控制在最小范围内，即配合要达到很紧的程度，以便于对平行度、垂直度和转位精度做微量修整。

（3）从整体考虑，锉配时的修锉部分要在透光与涂色检查之后进行，这样就可避免仅根据局部试配情况就急于进行修配而造成最后配合面的间隙过大。

（4）在锉配与试配过程中，四方体的对称中心面必须与锉配件的大平面垂直，否则会出现扭曲状态，不能正确地反映出修正部位，达不到正确的锉配目的。

（5）正确选用截面小于90°的光边锉刀，防止锉成圆角或锉坏相邻面。

（6）在锉配过程中，只能用手推入四方体，禁止使用锤头或硬金属敲击，以避免将两锉配面咬毛。

（7）锉配时应采用顺向锉，少用推锉。

（8）加工内四方体时，允许自做内角样板。

四、四方体锉配加工工艺（图9-1-13）

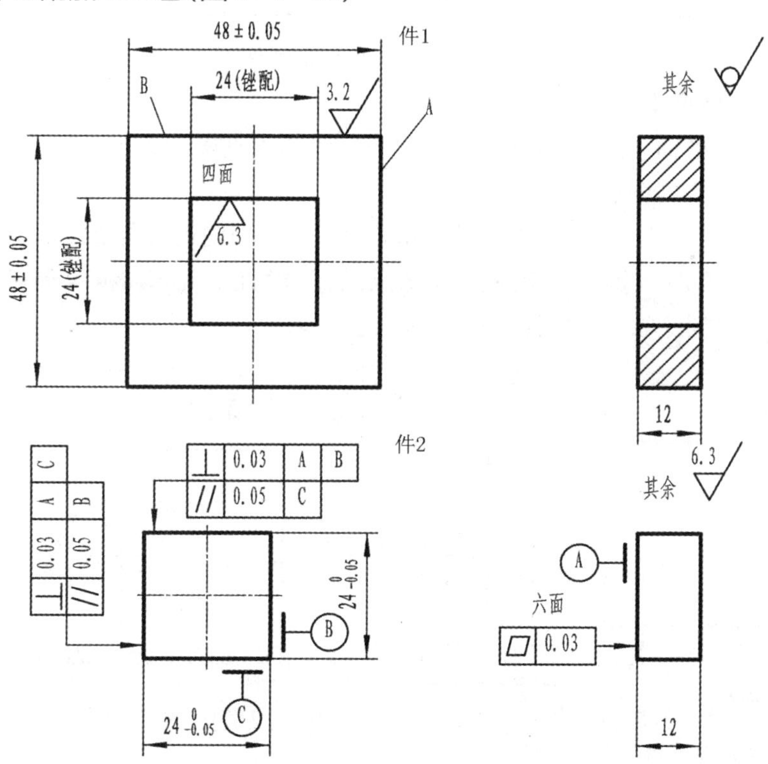

图9-1-13 四方体锉配零件图

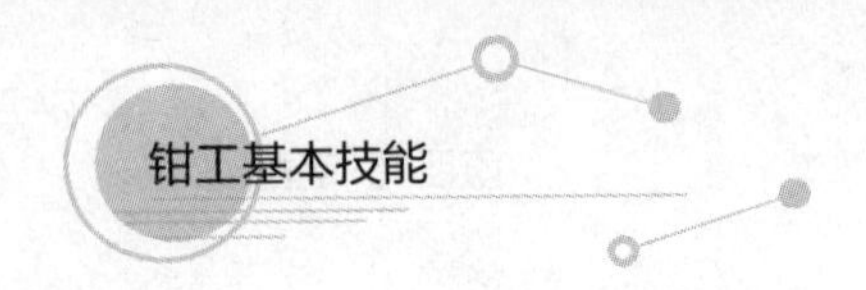

1.锉四方体件2

将刨来的半成品28 mm×28 mm×16 mm，要求用300 mm的粗齿锉刀配合200 mm的细齿锉刀加工，先粗、精加工出一组直角面，再加工平行面达24 mm×24 mm×12 mm的尺寸要求和形位公差（平面度0.03 mm、垂直度0.03 mm和平行度0.05 mm）要求（六面靠角尺），保证表面粗糙度达到$Ra6.3\ \mu m$。

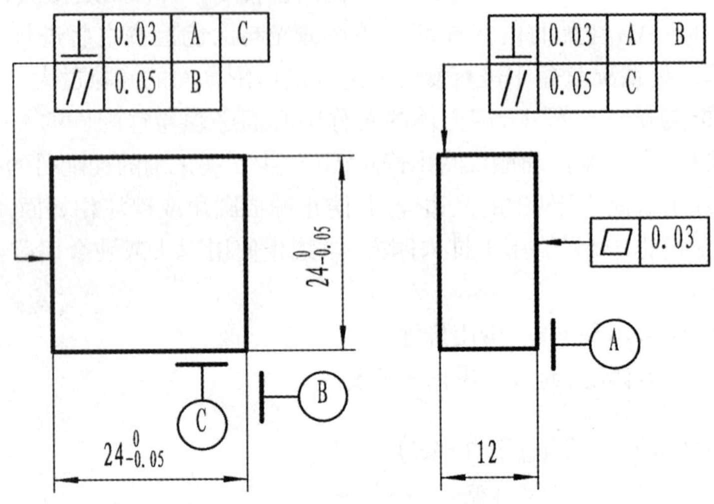

图 9-1-14　锉削四方体件2

2.锉四方体件1

（1）加工基准面。用粗、细锉刀锉A、B面，使其垂直度和大平面的垂直度控制在有0.03 mm范围内，如图9-1-15所示。

（2）粗加工四方体件1内孔。以A、B面为基准，划内四方体24 mm×24 mm尺寸线，并用已加工四方体件二校核所划线条的正确性。钻孔，粗锉至接通线条留0.1～0.2 mm的加工余量，如图9-1-16所示。

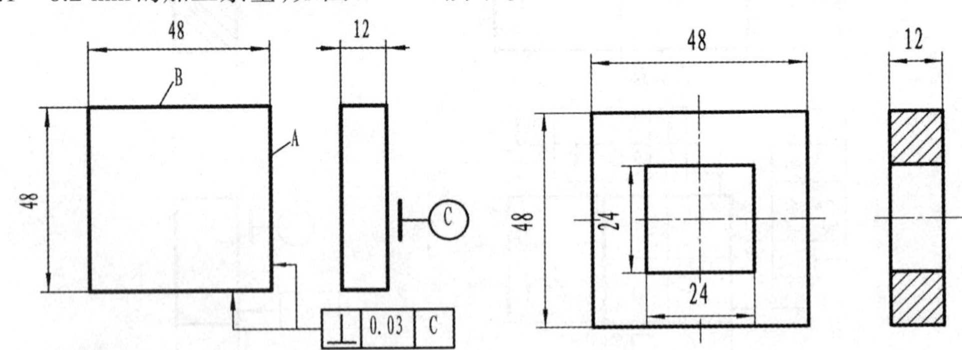

图 9-1-15　锉削四方体件1外形　　图 9-1-16　锉削四方体件1方孔

3.配加工四方体

（1）细锉靠近B基准的一侧面，达到与B面平行，与大平面A垂直。

（2）细锉第一面的对应面，达到与第一面平行。用件2斜插入试配，使其较紧地塞入。

(3)细锉靠近C面的一侧面，达到与C面平行，与大平面A及已加工的两侧面垂直。

(4)细锉第四面，使之达到与第三面和C面平行，与两侧面及大平面垂直，达到件2能较紧地塞入。

(5)用件2进行转位修正，达到全部精度符合图样要求。最后达到件2在内四方体内能自由地推进推出毫无阻碍。

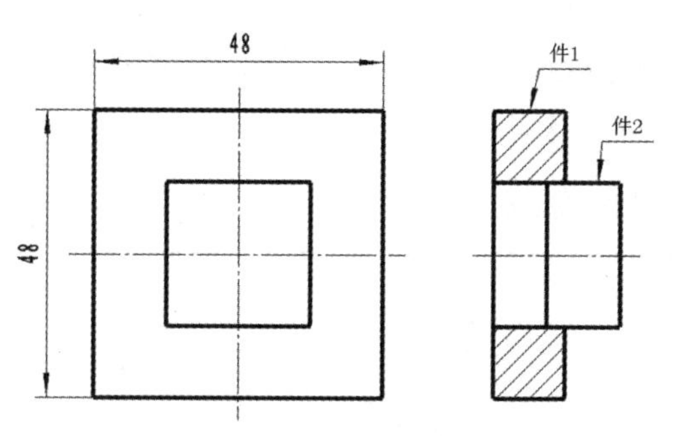

图 9-1-17 锉削四方体

五、"T"形体的锉配(图9-1-18)

"T"形体的锉配属于封闭对称形体的锉配，除了对称度的要求之外，还要求能进行互换，并达到规定配合间隙。所以，对称形体的锉配也是钳工锉配的练习重点和难点，要从对称度测量、加工工艺和锉削技能等几方面入手。

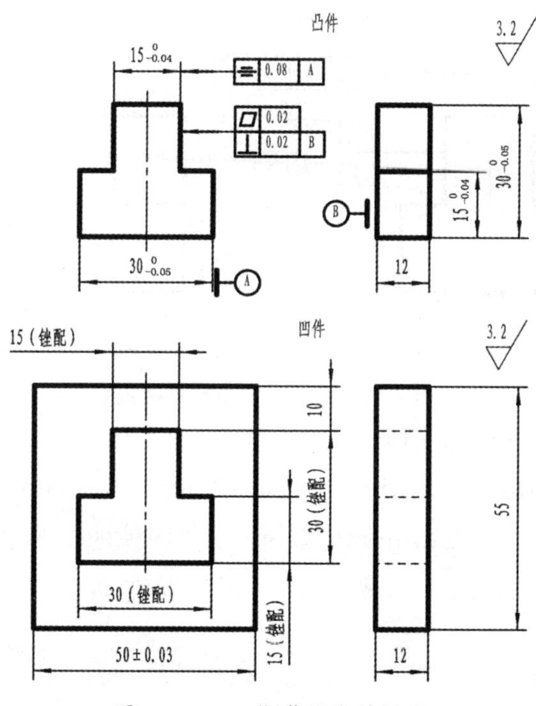

图 9-1-18 "T"形体的锉配

1. 下料

将12 mm厚的45钢钢板锯割下料后粗锉成90 mm×52 mm×12 mm的长方体，如图9-1-19所示，然后锯割成57 mm×52 mm×12 mm和32 mm×52 mm×12 mm两段长方体。

2. “T”形体加工(图9-1-20)

综合运用划线、锯割、锉削完成“T”形体加工。加工时，先精锉削长方体达到30 mm×30 mm的长方体，要求六面靠角尺，尺寸精度为0.05 mm。然后以一组角尺面为基准，锯割一角，锉削达到尺寸和形位公差要求；再锯割另一面，锉削达到尺寸、形位公差(重点为对称度)要求。

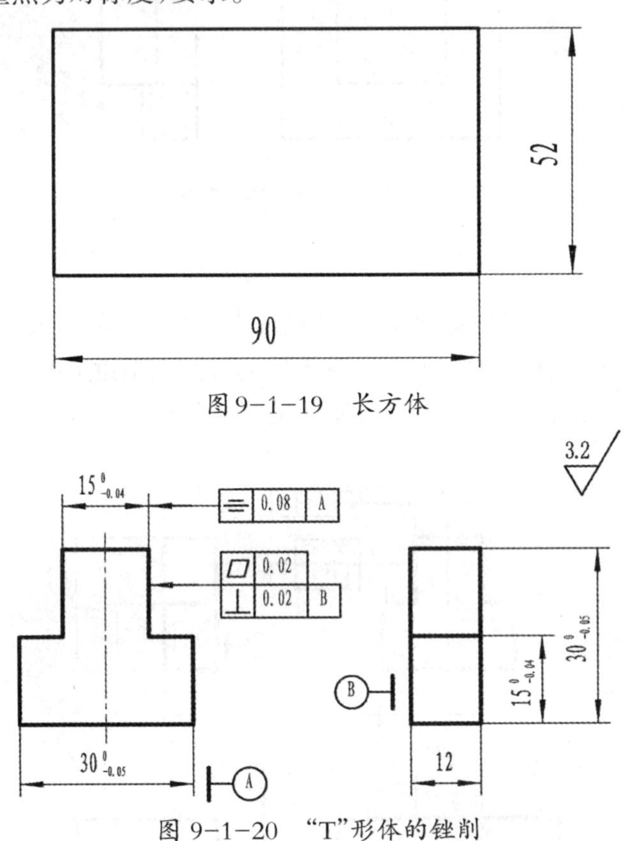

图9-1-19　长方体

图 9-1-20　“T”形体的锉削

3. 钻孔、去废料(图9-1-21)

先精锉削长方体达到尺寸55 mm×50 mm×12 mm，然后划线(留0.5 mm的余量)、打样冲眼，用ϕ4.8 mm的麻花钻钻排孔，如果去废料困难，可用稍大的麻花钻在中间钻削一个孔，最后用錾子去废料。或者先做一个长方形孔，再做“T”形体孔。

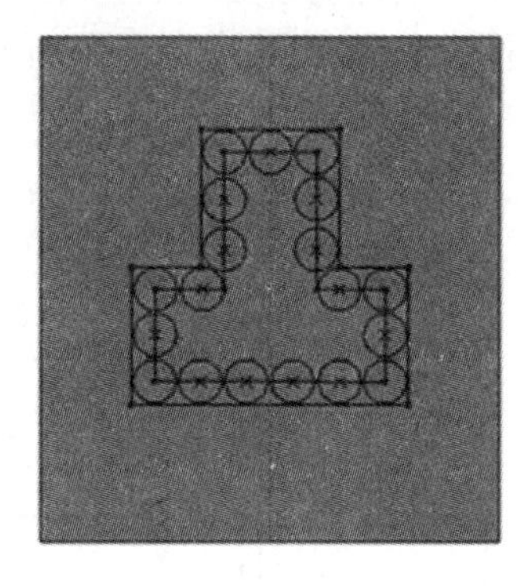

图9-1-21 钻孔、去废料

4. 锉配(图9-1-22)

将内“T”形槽按尺寸修至尺寸(留0.10 mm余量),然后精修水平方向尺寸30 mm配入,注意先要紧配合,水平方向配入后便锉配垂直方向;用透光或涂色法检查,逐步进行整体修锉,使外“T”形体推进推出松紧适当,达到配合要求。待整体配入后再翻面锉配。锉配前,为防止各个锐边抵触,可先用锯条消隙。

图9-1-22 锉配

5. 修整(图9-1-23)

各锐边倒棱,复查技术要求。

图9-1-23 锉配修整

六、对称度

在“T”形体锉配、凸凹件锉配、铣床铣扁、铣槽、钻床钻孔时会要求对称度。对称度指的是所加工尺寸的轴线(或者中心要素)对基准中心要素的位置误差。该误差必须位于距离为对称度要求的公差值范围内,且通过与基准轴线的辅助平面对称的两平行平面之间。

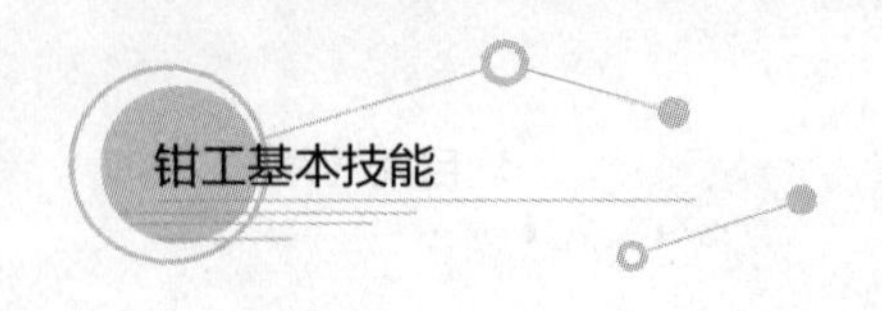

对称度分面对面、面对线、线对线等多种情况，公差带形状有两平行直线和两平行平面两种。

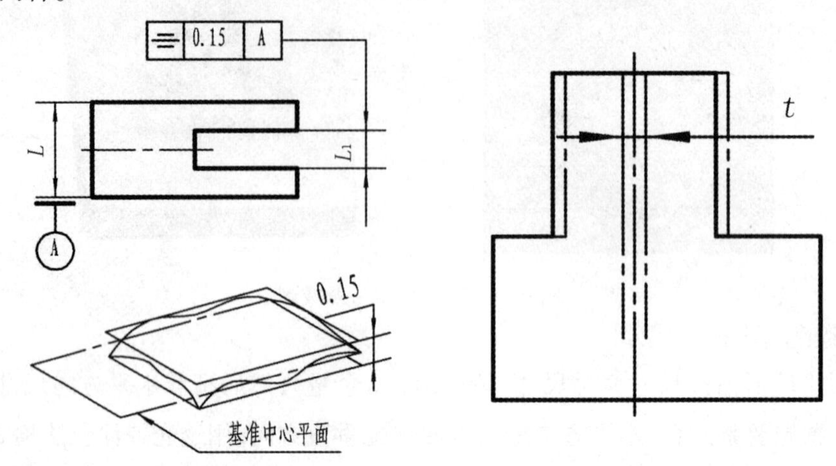

图 9-1-24　对称度表示方法　　　图 9-1-25　“T”形体的对称度公差

1. 对称度误差Δ的测量方法

对称度误差值Δ等于测量表面与基准表面的尺寸A和B的差值的一半。检查如图9-1-26所示的凸体件对称度时，可用刀口形直尺的侧平面靠在凸台肩上，再以刀口形直尺的侧平面为测量基准测量A和B的尺寸。

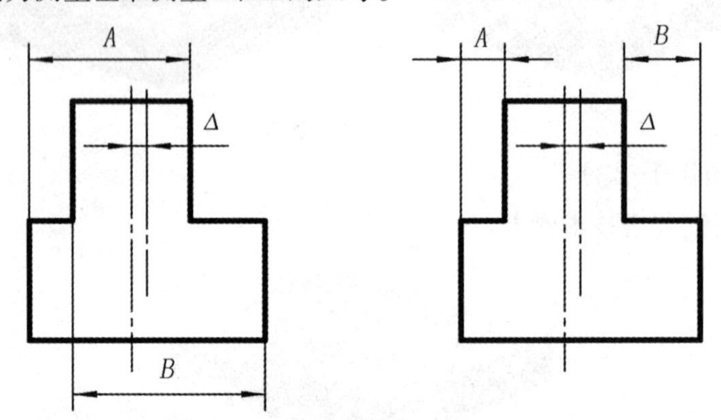

图 9-1-26　对称度误差Δ的测量方法

2. 对称度对锉配的影响

凹凸体锉配是钳工基本操作中典型的课题，主要使操作者掌握具有对称度要求的工件划线、加工和测量，是锉配的基础技能。其中，对称度测量控制是难点。如果在加工中对称度存在误差必将对工件的配合带来影响。特别是对转位互换精度造成严重影响，使其两侧出现位错。这就需要在配合后进行修整，消除误差提高转位互换精度。许多操作者因为对称度误差认识不清，盲目修配使误差越来越大。下面是对称度误差的几种情况和修配方法。

(1)凸件有对称度误差。

如图9-1-27(a)所示,配合前假如凸件有0.05 mm的对称度误差,凹件没有。图9-1-27(b)所示为配合后的情形,两侧出现0.05 mm的位错。图9-1-27(c)所示为凸件翻转后的配合情形,两侧出现0.05 mm的位错,并且凸件位错凸出一侧随凸件翻转而翻转,说明凸件存在对称度误差。应修整凹、凸件两侧的基准面加以消除。修整时凸件多的一侧要修去0.10 mm,凹件每侧要修去0.05 mm。

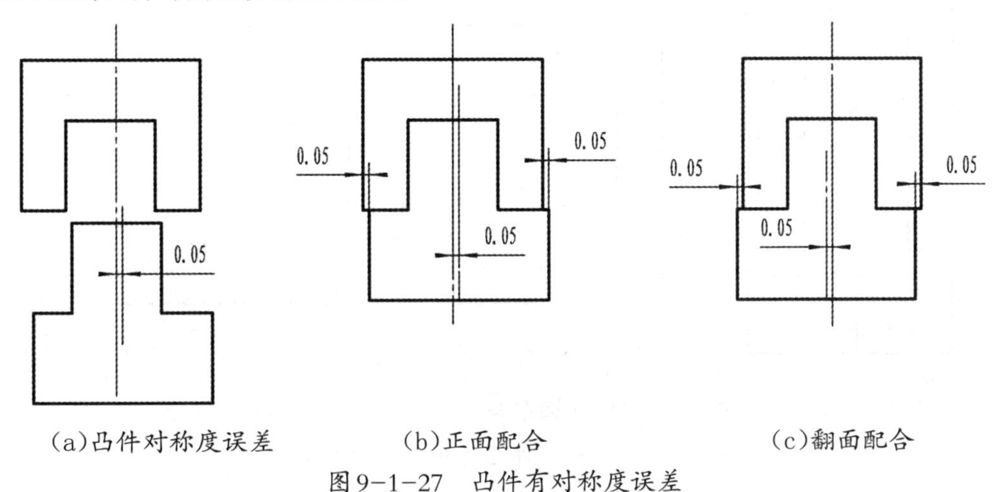

(a)凸件对称度误差　　(b)正面配合　　(c)翻面配合

图9-1-27　凸件有对称度误差

(2)凹件有对称度误差。

如图9-1-28所示:图(a)为配合前情形,凹件有0.05的对称度误差,凸件没有。图(b)为配合后的情形,两侧出现0.05 mm的位错,并且凹件位错凸出一侧随凹件翻转而翻转,说明凹件存在对称度误差。应修整凹、凸件两侧的基准面加以消除。修整时凹件多的一侧要修去0.10 mm,凸件每侧要修去0.05 mm。

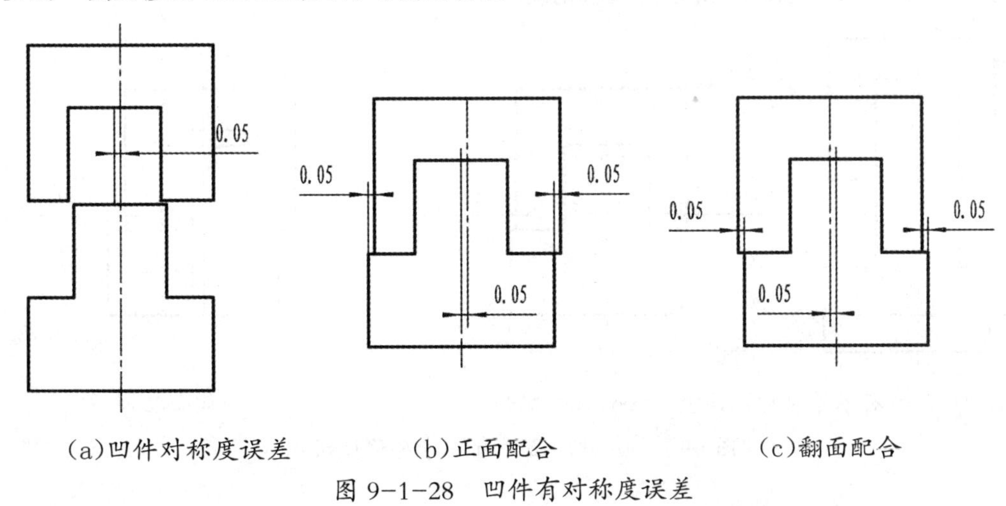

(a)凹件对称度误差　　(b)正面配合　　(c)翻面配合

图9-1-28　凹件有对称度误差

(3)凹、凸件都有对称度误差且相等。

如图9-1-29所示:图(a)为配合前情形,图(b)为配合后情形,且对称度误差在同一个方向位置,故配合后两侧没有出现位错;但翻转180°后两侧出现0.10 mm的位错,如图(c)所示。修整时凹、凸件多出去的一侧都必须修去0.10 mm方可消除对称度误差,获得较高的转位互换精度。

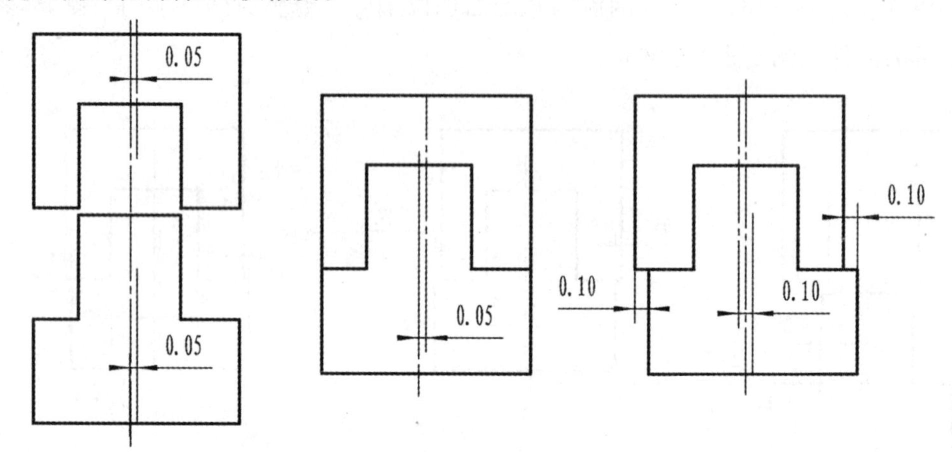

(a)凸、凹件对称度误差　　(b)正面配合　　(c)翻面配合

.图 9-1-29　凸凹件均有相等对称度误差

(4)凹、凸件都有对称度误差且不相等。

凹、凸件都有对称度误差且不相等如图9-1-30示:(假如凸件为Δ_1,凹件为Δ_2),(a)为图配合前情形。(b)为图配合后情形,且对称度误差在同一个方向位置,配合后两侧出现$|\Delta_1-\Delta_2|$的位错,此时要平齐配合面,凹、凸件多出去的一侧都要修去$|\Delta_1-\Delta_2|$。然后翻转180°,配合如图(c)所示,则两侧会出现$\Delta_1+\Delta_2$的位错,修整时,凹、凸件多出去的一侧都修去$\Delta_1+\Delta_2$,以获得转位互换精度。

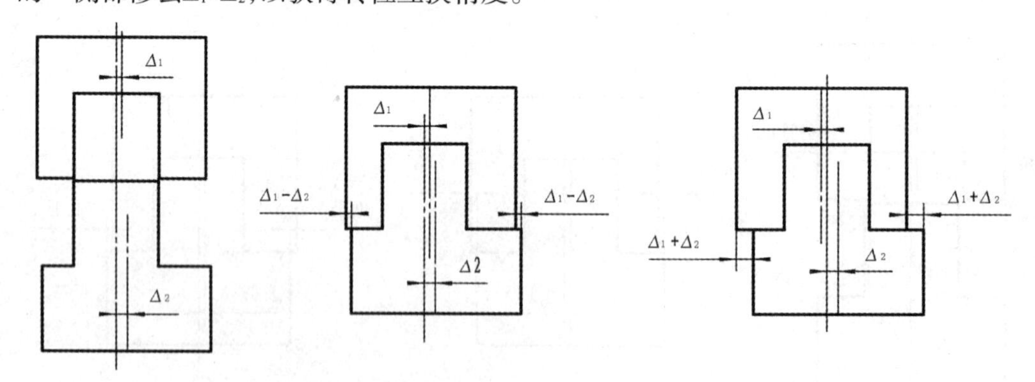

(a)凹、凸件有不等对称度误差　　(b)正面配合　　(c)翻面配合

图 9-1-30　凹、凸件有不等对称度误差

只有正确分析和判断，才能使修配工作准确无误，避免盲目修配使误差越来越大。特别提醒的是：由于修配要对外形基准面进行锉削，故开始加工外形基准尺寸时，要留一定的修配量。一般按所给尺寸公差的上限加工，这样即使因对称度超差修去一些，外形尺寸仍在公差之内，否则将使修配工作难以进行，而影响转位互换精度。

任务评价

对本锉配任务的加工质量，根据表9-1-4中的评分要求进行评价。

表9-1-4 三件拼块镶配评分表

序号	考核项目	配分	评分标准	检查记录	得分
1	(58±0.04)mm	3分	超差不得分		
2	(62±0.04)mm	3分	超差不得分		
3	(11±0.12)mm(2处)	4分	超差不得分		
4	(10±0.12)mm	2分	超差不得分		
5	(38±0.12)mm	3分	超差不得分		
6	ϕ8H9 (2处)	8分	一处不合格扣1.5分		
7	12±0.02 mm	6分	每超差0.01 mm扣2分		
8	⌯ 0.05 B	6分	每超差0.01 mm扣2分		
9	⊥ 0.03 A	6分	每超差0.01 mm扣2分		
10	45°±4′ (4处)	8分	一处不合格扣2分		
11	(28±0.02)mm(2处)	8分	每超差0.01 mm扣2分		
12	*Ra*1.6 μm	6分	一处不合格扣0.5分		
13	*Ra*3.2 μm	3分	一处不合格扣0.5分		
14	正面配合间隙≤0.04mm(5处)	10分	一处不合格扣2分		
15	调面配合间隙≤0.04mm(5处)	10分	一处不合格扣2分		

续表

序号	考核项目	配分	评分标准	检查记录	得分
16	三角配合0.04mm(2处)	4分	一处不合格扣2分		
17	件三、件一配合处直线度≤0.05 mm	3分	超差不得分		
18	倒角倒棱	2分	一处不合格扣0.5分		
19	安全文明生产	5分	酌情		
备注	1.考试时限360分钟,准备时间30分钟 2.考件有重大缺陷扣5~10分				
签字					

一、填空题(每题10分,共50分)

1.锉配按其配合形式可分为______、角度锉配、圆弧锉配等锉配形式。

2.为了保证锉配的质量,提高锉配的效率,在凸、凹件的锉配中一般_______先加工、_______配加工的原则。

3.在锉削内角为90°时,为了防止锉成圆角或锉坏相邻面,应选用_______的光边锉刀。

4. 锉配的间隙大小一般用______或塞尺进行检查。

5.为了保证零件的对称度的要求,修配时要对外形基准面进行锉削,故开始加工外形基准尺寸时,一般按所给尺寸公差的______加工。

二、判断题(每题10分,共50分)

1.锉配时应采用顺向锉,少用推锉。 (　　)

2.锉正方体时,先粗、精加工出一组直角面,再加工平行面的顺序进行加工。 (　　)

3.锉配件的划线必须准确,线条要细而清晰,两面要同时一次划线。 (　　)

4.对称性零件先加工一侧,以利于间接测量的原则。 (　　)

5.为达到转位互换的配合精度,开始试配时,其尺寸误差都要控制在中间范围内。 (　　)

三、实作练习题(不计分,仅供练习)

1.中级钳工技能鉴定试题1:燕尾锉配(图9-1-31)

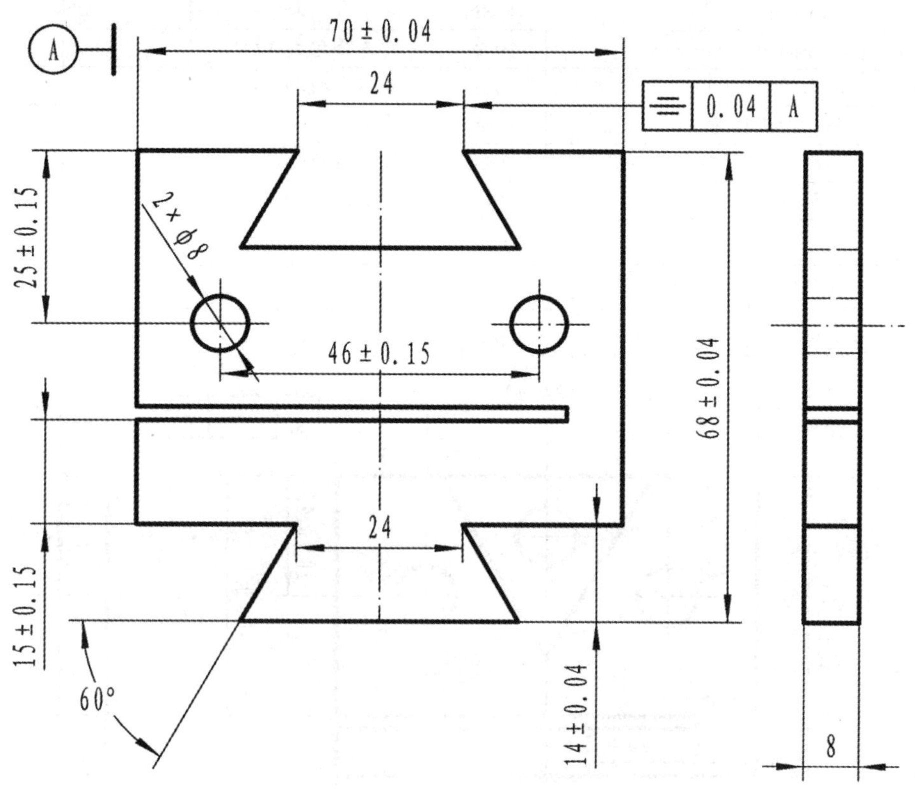

图9-1-31 燕尾锉配

中级钳工技能鉴定试题1:燕尾锉配检测评分表

工号:__________ 姓名:__________ 单位:__________ 成绩:__________

序号	技术要求	配分	评分标准	检测记录	得分
1	(70±0.04)mm(测量2处)	4分	超差不得分		
2	(54±0.03)mm(测量2处)	8分	超差0.01 mm扣1分		
3	(68±0.04)mm	4分	超差0.01 mm扣1分		
4	(14±0.04)mm(测量2处)	8分	超差0.01 mm扣1分		
5	(12±0.15)mm	2分	超差0.02 mm扣1分		
6	(25±0.15)mm(测量2处)	4分	超差0.02 mm扣1分		
7	(46±0.15)mm	2分	超差0.02 mm扣1分		
8	60°±4′(测量3处)	8分	超差2′扣2分		
9	(15±0.20)mm	2分	超差0.10 mm扣1分		
10	对称度	6分	超差0.01 mm扣1分		
11	钻孔、铰孔、锪孔	2分	一处不合格扣1分		

续表

序号	技术要求	配分	评分标准	检测记录	得分
12	$Ra1.6\ \mu m$	15分	一处不合格扣1分		
13	配合间隙＜0.05 mm	10分	一处不合格扣2分		
14	调面间隙＜0.05 mm	10分	一处不合格扣2分		
15	两侧面错位量＜0.10 mm	6分	超差0.01 mm扣2分		
16	倒棱0.5×45°去毛刺	2分	未做不得分		
14	标记及工号	2分	未做1处扣1分		
15	安全文明生产	5分	酌情		
时间	考试时限300分钟				

2. **中级钳工技能鉴定试题2:三角形锉配(图9-1-32)**

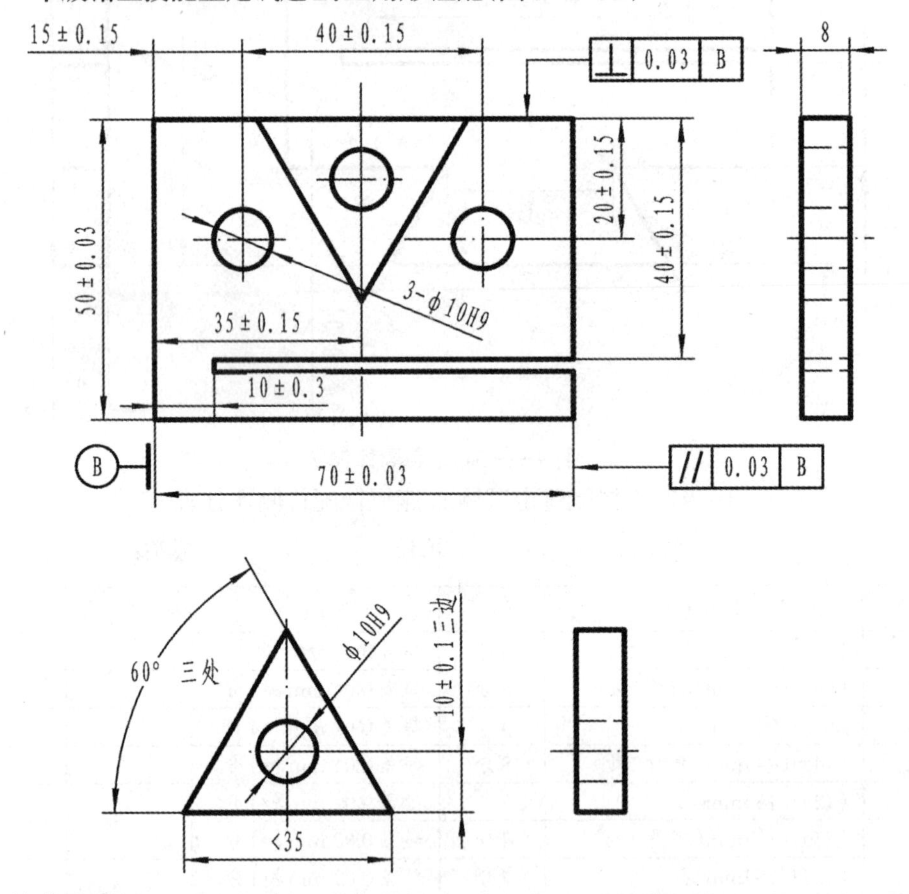

技术要求:

1.倒角和倒棱。

2.铰孔前孔口要锪孔。

3.表面粗糙度Ra为3.2。

图9-1-32 三角形锉配

中级钳工技能鉴定试题2:三角形锉配检测评分表

工号:__________ 姓名:__________ 单位:__________ 成绩:__________

序号	技术要求	配分	评分标准	检测记录	得分
1	(70±0.03)mm(1处)	12分	超差0.01 mm扣2分		
2	(50±0.03)mm(1处)	12分	超差0.01 mm扣2分		
3	(10±0.3)mm(1处)	3分	超差不得分		
4	(40±0.15)mm(2处)	6分	超差不得分		
5	(20±0.15)mm(2处)	6分	超差不得分		
6	(15±0.15)mm(1处)	3分	超差不得分		
7	(35±0.15)mm(1处)	3分	超差不得分		
8	60°角(3处)	15分	超5分不得分		
9	(10±0.1)mm(3处)	15分	超0.04 mm扣1分		
10	垂直度0.03mm(1处)	3分	超差不得分		
11	平行度0.03mm(1处)	3分	超差不得分		
12	3×ϕ10H9 (3处)	6分	超差不得分		
13	表面粗粗度(7处)	7分	1处不合格扣1分		
14	安全文明生产	6分			
15	件1与件2配合间隙正面0.03 mm调面0.05 mm	10分	超差0.01 mm扣分		
时间	考试时限300分钟				

3. 中级钳工技能鉴定试题3:"L"形锉配(图9-1-33)

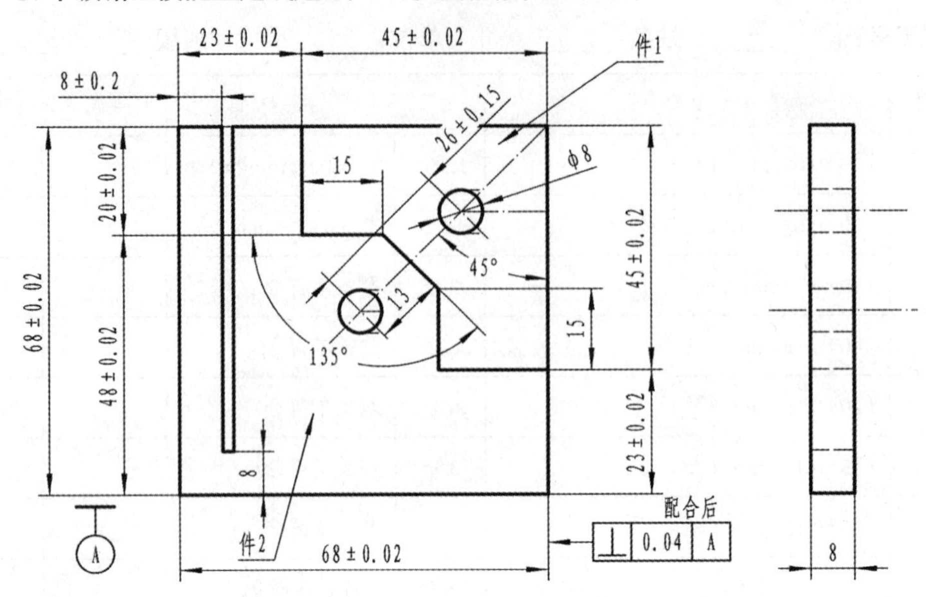

技术要求:

1.表面粗糙度外形为 $Ra1.6\,\mu m$,内表面为 $Ra3.2\,\mu m$。

2.工件1和工件2正面和调面配合间隙不大于0.04 mm。

图9-1-33 "L"形锉配

中级钳工技能鉴定试3:"L"形锉配检测评分表

工号:______ 姓名:______ 单位:______ 成绩:______

序号	技术要求	配分	评分标准	检测记录	得分
1	(45±0.02)mm(测量2处)	6分	超差0.01 mm扣1分		
2	(20±0.02)mm(测量2处)	6分	超差0.01 mm扣1分		
3	135°±4′(2处)	8分	超差2′扣2分		
4	(68±0.02)mm(测量2处)	6分	超差0.01 mm扣1分		
5	(48±0.02)mm(测量2处)	6分	超差0.01 mm扣1分		
6	(23±0.02)mm(测量2处)	6分	超差0.01 mm扣1分		
7	(8±0.20)mm	2分	超差0.10 mm扣1分		
8	(26±0.15)mm	6分	超差0.02 mm扣1分		
9	钻、铰孔ϕ8	4分	一处不合格扣2分		
10	垂直度0.04mm	6分	超差0.01 mm扣1分		

续表

序号	技术要求	配分	评分标准	检测记录	得分
11	$Ra1.6\ \mu m$	11分	一处不合格扣1分		
12	配合间隙＜0.04 mm	10分	一处不合格扣2分		
13	调面间隙＜0.04 mm	10分	一处不合格扣2分		
14	倒棱0.5×45°去毛刺	6分	一处不合格扣1分		
15	标记及工号	2分	未做不得分		
15	安全文明生产	5分	酌情		
时间	考试时限300分钟				

参考文献

REFERENCE

[1]赵勇.模具钳工技术[M].武汉：华中科技大学出版社，2009.

[2]李东明，秦代华.钳工工艺及实训[M].重庆：西南师范大学出版社，2010.

[3]戴刚.模具钳工技能训练[M].重庆：重庆大学出版社，2007.

[4]胡彦辉.模具制造工艺与技能训练[M].北京：中国劳动社会保障出版社，2008.

[5]《职业技能培训MES系列教材》编委会.铆装钳工技能（第3版）[M].北京：航空工业出版社，2008.

[6]侯文祥，逯萍.钳工基本技能训练[M].北京：机械工业出版社，2008.

[7]杨冰，温上樵.钳工基本技能项目教程（第2版）[M].北京：机械工业出版社，2011.